Owen Podger

Metáforas da cidade

Owen Podger

Metáforas da cidade

ScienciaScripts

Imprint
Any brand names and product names mentioned in this book are subject to trademark, brand or patent protection and are trademarks or registered trademarks of their respective holders. The use of brand names, product names, common names, trade names, product descriptions etc. even without a particular marking in this work is in no way to be construed to mean that such names may be regarded as unrestricted in respect of trademark and brand protection legislation and could thus be used by anyone.

Cover image: www.ingimage.com

This book is a translation from the original published under ISBN 978-620-2-06278-7.

Publisher:
Sciencia Scripts
is a trademark of
Dodo Books Indian Ocean Ltd. and OmniScriptum S.R.L publishing group

120 High Road, East Finchley, London, N2 9ED, United Kingdom
Str. Armeneasca 28/1, office 1, Chisinau MD-2012, Republic of Moldova, Europe
Printed at: see last page
ISBN: 978-620-7-76993-3

Prefácio

Qualquer metáfora de uma cidade, seja como uma máquina ou um mercado, um organismo ou uma organização, um lugar de poder ou um lugar de aprendizagem, pode inspirar-nos a explorar uma nova compreensão das cidades e a pensar de forma mais inovadora sobre como as podemos gerir melhor. Em setembro de 1991, a Dra. Ir Ibu Budhi Tjahjati, então chefe do Gabinete de Desenvolvimento Urbano e Habitação da Agência de Planeamento do Desenvolvimento Nacional da Indonésia, pediu aos seus conselheiros uma definição de gestão urbana. Vários tentaram e aborreceram-na. Se a senhora que perguntou "O que é a gestão urbana?" é uma das mais importantes responsáveis pelo planeamento num país tão grande e que está a urbanizar-se tão rapidamente, e uma académica de alto nível, ela sabia melhor do que a maioria de nós, consultores, o que deveria ser a gestão urbana. Sempre que tentava definir o termo "cidade" ou "gestão", o assunto mudava. Estava sempre a ter novas ideias! Depois comecei a pensar de novo. Será que as pessoas querem mesmo definir a gestão urbana ou querem novas ideias para estimular o seu pensamento? Quando Jesus definiu o céu, deu muitas respostas. Uma das suas respostas típicas foi: "O reino dos céus é como um grão de mostarda", o que não é uma definição, mas dá uma melhor compreensão do céu do que uma definição poderia dar. Tinha lido o memorável livro de Gareth Morgan, Images of Organisation. Ele comparava as organizações com muitas outras coisas para ajudar o leitor a compreender melhor as organizações. Admito que copiei a sua abordagem, desenvolvendo as minhas próprias metáforas e lições sobre as cidades.

Escrevi o primeiro rascunho deste trabalho em 1993; não foi publicado, mas apenas transmitido a amigos em Java Oriental com quem trabalhei e que o transmitiram a várias turmas universitárias. Agora, mais de duas décadas depois, voltei, actualizei e ampliei a obra. Espero que os leitores gostem.

Owen Podger
setembro de 2017

Reconhecimento

Depois de ter prestado homenagem a Gareth Morgan no meu prefácio, gostaria agora de agradecer a todos os que me ajudaram ao longo do caminho. Didiek Hardiprabowo foi o primeiro a responder favoravelmente ao primeiro rascunho, há muito tempo, e partilhou-o com colegas. Fiona Pfennigwerth deu-me algumas correcções e encorajamento. A minha mulher Helena Radja dá-me todo o encorajamento de que preciso.

Capítulo 1
Cidade de Vora e cidades Simpli

O futuro da humanidade depende da forma como nos urbanizarmos. A maior parte do crescimento da população mundial está a ocorrer nas cidades, a maioria das quais atingiu dimensões sem precedentes e está em grande parte fora de controlo. É possível ver os limites das cidades a espalharem-se pela paisagem. Como um monstro de desenhos animados, as cidades estão a devorar terras agrícolas produtivas, a consumir árvores e relva verdes e a excretar tijolos vermelhos, betume preto e betão cinzento. Como um polvo voraz e gigantesco, a cidade tem tentáculos que se espalham pela terra e antenas que alcançam o céu. As estradas, os fios telefónicos e as ondas de rádio estendem o alcance da cidade até à aldeia mais remota. A cidade agarra os seus cidadãos com o seu poder e infecta-os com os seus valores contagiantes e a sua determinação imparável. Podemos chamar a este monstro Voracidade, devido ao seu apetite ilimitado.

O que acabaram de ler é uma imagem da cidade. É uma imagem particularmente tendenciosa, mas é suficientemente simples para todos nós a compreendermos. É mais curto do que qualquer livro de planeamento urbano.

[1]Pobre homem, abençoado com um cérebro grande mas limitado! Conseguimos lidar com imagens curtas e vívidas de coisas complexas, como esta descrição da Voracidade como um polvo monstruoso. Mas depois a nossa mente fica sobrecarregada quando tentamos compreender as coisas complexas em si. Tentem ler um livro de teoria urbana numa tarde! Ou passar anos a tentar compreender algo tão complexo como uma cidade e, se pensa que a compreende, provavelmente está a enganar-se a si próprio. A maioria dos especialistas em planeamento urbano são humildes e aceitam o facto de que todos nós temos um cérebro limitado que nunca pode compreender todos os tópicos ao mesmo tempo e que aprendemos à medida que avançamos.

Assim, se formos sábios, preferimos simplificar a nossa visão das coisas complexas. Preferimos viver como se a nossa cidade fosse a própria simplicidade. As simplificações são mais fáceis de compreender, mesmo que sejam apenas uma imagem da realidade e não a realidade em si. A imagem da cidade a estender os seus tentáculos sobre a paisagem não pode ser tomada à letra porque a cidade não tem tentáculos. Desde que essa simplificação de uma cidade seja útil para a nossa compreensão, não precisamos de nos preocupar com o facto de ser uma invenção. A questão é que olhar para as simplificações pode ajudar-nos a compreender, desde que tratemos cada simplificação com cautela para evitar que a nossa simplificação nos leve a pensar que a nossa cidade é simples.

As nossas simplicidades são deliberadamente irreais e distorcidas. São metáforas e não modelos. Sabemos que não são reais, mas mesmo assim podemos usá-las para compreender a realidade. Por exemplo, dizemos que Nova Iorque é a Grande Maçã. Quando gostamos de comer maçãs grandes, pensamos numa maçã grande como uma peça de fruta grande, brilhante, sumarenta e saborosa. Podemos compreender que Nova Iorque também é grande, brilhante, sumarenta e saborosa. Mas se já tivermos tido a experiência de maçãs grandes com larvas e que se magoam facilmente, ou se o nosso irmão já tiver mordido o outro lado, então podemos pensar que a Big Apple não é um sítio assim tão

1 Utilize "humano" para se referir à nossa espécie e "homem" para se referir ao indivíduo do sexo masculino.

bom. Utilizamos metáforas para nos dar uma visão geral porque estimulam a nossa imaginação. Não pensamos que Nova Iorque é uma Granny Smith ou uma Pacific Rose, mas orientamos a nossa imaginação para uma melhor compreensão.

Um mapa de Nova Iorque é uma imagem deliberadamente distorcida da cidade. Não é feita qualquer tentativa para nos mostrar o declive do terreno ou a altura dos edifícios, ou mesmo a densidade do tráfego. Até as ruas são desenhadas com uma largura ridícula. O mapa fornece-nos uma imagem da cidade que serve o objetivo de determinar onde se encontram as moradas e como lá chegar. Quando acabarmos de utilizar o mapa como metáfora de Nova Iorque, podemos recorrer a outra metáfora, talvez a lista telefónica. Uma lista telefónica organiza os cidadãos de uma cidade numa ordem altamente improvável. Na nossa mente, podemos imaginar por um momento que a companhia telefónica exige que todos os cidadãos se alinhem por ordem alfabética para que os seus nomes sejam listados. Mas nós rejeitamos esta ideia e ficamos contentes por a utilizar. A imagem de uma cidade como uma lista de proprietários de telefones por ordem alfabética tem uma utilização limitada mas muito eficaz.

A maioria de nós já utilizou mapas de ruas, listas telefónicas, Google Maps e guias de viagem. Quando ouvimos o que reconhecemos como um sotaque nova-iorquino, podemos ter imediatamente na nossa mente a imagem de uma pessoa que abana os braços enquanto fala e que prefere comer os seus cachorros-quentes com muita mostarda amarela. Sabemos que ele arrisca a vida todos os dias no metro e ao atravessar a rua (ou a avenida, se estiver a viajar na direção oposta). Quando descobrimos que o sotaque pertence a um erudito professor de antropologia que não come cachorros-quentes e vai para o trabalho sem medo, a nossa imagem de Nova Iorque pode mudar para se adaptar a esta nova experiência.

As metáforas e as imagens ajudam-nos a compreender as coisas. Mas não como as definições, que tentam fixar as coisas e limitam a nossa compreensão. As metáforas e as imagens crescem com a nossa compreensão. Quanto melhor compreendermos as coisas, mais diferentes e diferenciadas se tornam as imagens e metáforas que podemos imaginar ao mesmo tempo, mudando de uma imagem para outra, conforme seja útil para a nossa compreensão.

Neste pequeno livro, apresentamos uma série de metáforas e imagens da cidade. Nenhuma delas é efetivamente a cidade, mas apenas uma outra forma de a ver. Algumas são imagens de um aspeto da cidade, como um mapa de ruas. Outras são metáforas, como ver a cidade como um monstro. Acho que não posso ensinar muito a ninguém sobre o aspeto da cidade. Mas se o puder ajudar a despertar a sua imaginação através de imagens e metáforas, fico mais do que feliz. Deixe que estas metáforas da cidade influenciem o seu pensamento sobre as cidades que conhece. Talvez as veja de uma nova forma, para além de todas as formas como as vê agora.

1.1 Cidade monstruosa

A cidade come gente. Os velhos estão desesperados porque milhares de crianças modernas estão a seguir o velho filho pródigo e a passar as suas vidas a viver de forma imprudente na cidade. Os velhos rezam para que os seus filhos ganhem juízo e regressem aos costumes tradicionais. Mas só alguns o fazem.

No seu livro *Lila,* Robert Persig descreve *os* pesadelos da infância do seu herói. Um polvo apareceu na praia e esmagou o seu herói até à morte. Quando a sua viagem o levou finalmente a Nova Iorque, algo na cidade lhe fez lembrar os pesadelos da sua infância.

> Estas tampas de esgoto sempre o fascinaram. Muitos cruzamentos pareciam ter quase uma dúzia delas... Poços que levavam para baixo, para as redes subterrâneas espantosamente complexas que mantinham toda esta ilha a funcionar... Como os nervos, as artérias e as fibras musculares de um organismo gigante...
>
> Era estranho como tudo funcionava com uma inteligência própria que ultrapassava a inteligência de qualquer ser humano.

Compara a relação dos seres humanos com as cidades com a relação das células do corpo com os seres humanos. "Porque é que um grupo de compostos simples e estáveis de carbono, hidrogénio e azoto se esforçaria durante milhares de milhões de anos para se organizar num professor de química?

> Se é possível imaginar dois glóbulos vermelhos sentados um ao lado do outro a perguntarem-se: "Haverá alguma vez uma forma de evolução mais elevada do que nós?" e a olharem à sua volta e não verem nada, então é possível imaginar o ridículo de duas pessoas a caminhar numa rua de Manhattan a perguntarem-se se haverá alguma vez uma forma de evolução mais elevada do que o "homem".

Será ridículo não acreditar que a cidade é uma forma de vida superior? A cidade é um organismo vivo de uma ordem superior? Em caso afirmativo, que tipo de monstro é?

Persig compara também a relação entre o homem e a cidade com a relação entre os animais e o seu agricultor. Os animais acreditam que o agricultor é um provedor benevolente que lhes oferece alimento e proteção. Na realidade, porém, o agricultor cria os animais para os abater e comer. O agricultor é um amigo dos animais ou o seu inimigo natural? Até que ponto é benevolente a cidade que fornece comida e abrigo aos nossos filhos?

> Se as sociedades, as culturas e as cidades não forem vistas como invenções do "homem", mas como organismos superiores ao homem biológico, os fenómenos da guerra e do genocídio e todas as outras formas de exploração humana tornam-se mais compreensíveis. A "humanidade" nunca esteve interessada em deixar-se matar. Mas o superorganismo, o gigante... não se importa de perder alguns corpos para proteger os seus interesses maiores...

Este monstro chamado Manhattan utilizará a vida de cada cidadão, desde o nascimento até ao túmulo. Ele vai alimentá-lo em seu próprio benefício, direccionando as suas experiências e usando a sua energia para se tornar cada vez mais forte à medida que cada cidadão envelhece. Quando ele já não for útil, Manhattan descartá-lo-á e substitui-lo-á por um mais jovem. E em todos os arranha-céus de Nova Iorque sentam-se todos os chefes corporativos que pensam que mandam na cidade, quando na verdade a cidade manda neles.

> Esta cidade, que devora incessantemente os corpos humanos, cria algo melhor do que qualquer organismo biológico poderia conseguir por si só.
>
> Sim, claro! Meu Deus! Olhem para isto! O poder deste sítio! Fantástico! Que obra de arte pode sequer aproximar-se dele? Claro: sujo, barulhento, rude, perigoso, caro. Sempre foi assim e provavelmente será sempre assim.
> Sempre foi um inferno se se procura estabilidade e serenidade. Mas se procuram estabilidade e serenidade, vão para um cemitério, não venham para aqui! Este é o sítio mais dinâmico do mundo!

A cidade é uma fera e, embora devorasse até os seus líderes, tem de ser domada e cuidada. O domador de leões pode estalar o chicote e fazer truques com o leão durante o espetáculo, mas depois do espetáculo ele limpa a jaula, alimenta-o, mantém-no saudável e protege-o. Controlamos um monstro servindo-o. Para o servirmos, temos de o compreender.

1.2 Máquina da cidade

Carlos veio para Los Angeles de uma aldeia de montanha a poucas horas de carro de Santiago do Chile. Durante seis meses, ficou maravilhado com esta cidade escondida atrás de auto-estradas e parques de estacionamento. É um estudante de pós-graduação em engenharia, bem informado sobre a natureza da causa e do efeito. Cozinhava e comia, sempre perdido em pensamentos. Cheirava o frango embrulhado em película aderente do supermercado quando o comprava, quando o desembrulhava, quando o descongelava e quando o cozinhava. Cheirava-o quando o comia. Fez o mesmo com o milho e as ervilhas congelados e as batatas embaladas em vácuo. Ao fim de seis meses a analisar cuidadosamente os cheiros e os sabores dos alimentos que comprava com o seu escasso dinheiro de bolso, chegou a uma conclusão que teria feito Arquimedes saltar da banheira.

"Eu sei o que é", anunciou, "descobri porque é que a comida em Los Angeles sabe sempre ao mesmo!" Revelou a conclusão surpreendente da sua investigação. "Todos eles têm vestígios de óleo de máquina."

Talvez ele tivesse razão. Tudo é processado na cidade. Tudo passa por uma máquina ou viaja numa máquina. É manuseado, embalado, etiquetado e transportado. Que criança acredita realmente que o leite vem de uma vaca? Será que as maçãs verdadeiras vêm de árvores que a natureza destinou a servir de alimento às moscas da fruta? Qualquer criança da cidade sabe dizer de que corredor do supermercado vem cada alimento. O leite fresco vem de um pacote ou de uma garrafa na fila A, a carne vem de uma prateleira refrigerada na fila B e as maçãs estão ordenadamente empilhadas em caixotes em expositores semelhantes a montanhas que se desmoronam quando uma criança da cidade apanha uma do chão.

Antes de existirem máquinas, o trabalho humano consistia em cuidar dos produtos até que pudessem ser colhidos e embalados. O homem plantava sementes, mondava e regava até a colheita estar pronta. Depois, quando a colheita estava pronta, colhia-a, embalava-a e armazenava-a. O homem cuidava dos seus rebanhos, seleccionando alguns para o gado e outros para a alimentação. Criava os animais jovens até que estivessem prontos para o abate e pudessem ser esfolados. Esta foi a tarefa dada ao homem aquando da criação:

> Deus disse aos homens: "Sede fecundos e multiplicai-vos, enchei a terra e submetei-a, dominai sobre os peixes do mar, sobre as aves do céu e sobre todos os animais que vivem sobre a terra. Dou-vos todas as plantas que dão semente em toda a terra e todas as árvores que dão fruto e produzem semente; elas serão o vosso alimento.

O pastor dominava cuidadosamente a terra, pois só assim podia garantir que os produtos da terra o beneficiariam. Até ao aparecimento da máquina. A revolução industrial foi gémea da ética protestante e, em conjunto, reinterpretaram o papel do homem. O homem encheu a terra e conquistou-a, escavou-a, construiu monoculturas em milhares de hectares, desenvolveu máquinas para plantar, máquinas para pulverizar pesticidas, máquinas para colher, máquinas para embalar e máquinas para construir estradas sobre colinas e vales para levar os produtos ao mercado. O mercado na cidade. O plano de Deus para o homem foi assim reinterpretado. O grande Lewis Mumford disse em 1961:

> Grande parte da reflexão sobre o desenvolvimento futuro das cidades baseia-se hoje em dia nos pressupostos ideológicos sobre a natureza e o destino humano que estão atualmente em voga. Por detrás da consideração superficial pela vida e pela saúde, esconde-se um profundo desprezo pelos processos orgânicos. ... Em vez de considerar a relação do homem com o ar, a água, o solo e todos os seus parceiros orgânicos como a mais antiga e fundamental de todas as suas relações - que não deve ser reduzida ou extinta, mas antes aprofundada e expandida, tanto no pensamento como na ação - a tecnologia popular do nosso tempo dedica-se a inventar meios para substituir formas orgânicas autónomas por substitutos mecânicos sofisticados (controláveis! lucrativos!).O mundo já não era um mistério para o homem maquinal. Havia uma causa e umefeito para tudo. O universo era um relógio gigante em que as estrelas, os planetas e as luas giravam como grandes engrenagens em rodas invisíveis. Até os átomos eram como relógios em miniatura. Os iões, os electrões e os neutrões rodam de acordo com um mecanismo de tempo sensível. Entre os relógios subatómicos e o relógio super-galáctico do Universo, tudo funcionava como um relógio. A ciência iria descobrir como funciona a mente! A ciência forneceria respostas sobre o controlo da evolução! O homem condicionaria o ambiente e programaria a evolução para produzir seres humanos superiores, concebidos pelo próprio homem.

Muitos arquitectos e urbanistas da chamada "era moderna" acreditavam que podiam construir casas e cidades que determinariam o futuro da humanidade. Uma vez que o ambiente determina a evolução, o homem poderia remover qualquer fardo não funcional, qualquer ornamento que o prendesse a um passado que o impedisse de se desenvolver de acordo com os melhores planos do homem. A casa e a cidade deveriam ser como máquinas concebidas para um objetivo específico.

John Ruskin, que ficou chocado com a ideia dos modernistas de que o ornamento era um pecado, disse nas suas *Sete Luzes da Arquitetura que* a máquina nunca deveria ser concebida para criar ornamentos - uma ideia que caiu nas graças dos modernistas. Quanto mais o nosso ambiente era fabricado à máquina, mais sem graça se tornava a nossa cidade. É assim que deve ser, foi a resposta dos modernistas. Sem graça era bonito.

Le Corbusier era um defensor da visão determinista do ambiente urbano. Explicou que a miséria do mundo se deve ao facto de as funções não serem definidas ou respeitadas. Ele, Corbusier, não queria construir casas ou apartamentos, mas "máquinas de habitar" que seriam "tão úteis como as máquinas de escrever". A máquina era o ideal para os modernistas, porque toda a natureza se baseava num conjunto de regras tão fixas e funcionais como qualquer máquina.

Os arquitectos e urbanistas "modernos" viam a cidade como uma máquina e concebiam os edifícios e os bairros de acordo com critérios funcionais. Os economistas eram igualmente deterministas, mas tinham uma visão diametralmente oposta do ambiente. A economia era a máquina complexa. A "mão oculta" não devia ser controlada demasiado de perto. O motor devia funcionar por si só, para que o mercado pudesse determinar os preços e a distribuição. A economia era como um relógio e podia ser modelada como um relógio, mas não construída como um relógio. Foram concebidos modelos econométricos complexos para otimizar a economia. Após a década de 1930, nunca mais haveria outra depressão económica.

E enquanto os nossos arquitectos, engenheiros, urbanistas e economistas mais barulhentos continuavam a defender as suas filosofias deterministas, os nossos cientistas tinham abandonado as teorias mecânicas para explicar a natureza porque as suas novas teorias lhes diziam que o mundo não era como uma máquina. A física quântica e a teoria do caos explicavam porque é que a natureza não se comportava como uma máquina. Quando os cientistas teorizaram que "uma borboleta na América do Sul pode desencadear uma cadeia de acontecimentos que conduz a uma inundação na China", sabiam que a complexidade da natureza não é comparável a uma máquina de finalidade única.

As consequências de uma visão mecanicista da cidade foram descritas por Lewis Mumford:Em vez de dar vida à cidade, para que os seus habitantes mais pobres tenham não só sol e ar, mas também a possibilidade de tocar, sentir e cultivar a terra, estes ingénuos apóstolos do progresso preferem trazer a esterilidade ao campo e, por fim, a morte à cidade...

Hoje, o fim de toda a nossa civilização megalopolítica é demasiado evidente.

Capítulo 2
A cidade construída

Algumas aves constroem os seus ninhos a partir da sua saliva. As aranhas tecem as suas teias a partir das excreções de glândulas especiais. As formigas constroem os seus ninhos a partir de folhas unidas com as suas fezes. As térmitas excretam lama para construir. Criam estruturas para dar abrigo a animais individuais, à família ou à comunidade. Outros animais utilizam as suas fezes como sinal de territorialidade. Um cão urina para que os outros cães saibam que ele esteve lá. Os humanos estão muito longe disto. Os humanos estão apenas a começar a aprender a utilizar as suas próprias fezes para benefício dos humanos. Durante a maior parte da história, os dejectos humanos serviram apenas para construir uma cidade de merda.

2.1 A cidade como um edifício

Normalmente, as pessoas criam proteção para si próprias e definem o seu território. Os seres humanos constroem estruturas elaboradas, de forma e tamanho elaborados, a partir de materiais que fabricam em processos elaborados, aço e betão e plástico, madeira e tijolo e vidro. O homem cria abrigos para indivíduos, para famílias, para comunidades. O homem constrói monumentos para mostrar onde esteve. O homem chama *cidades* às colecções destes edifícios.

O limite da cidade é o local onde a paisagem natural ou rural dá lugar ao desenvolvimento construído. Nas cidades antigas, os edifícios estavam encerrados atrás de muros de proteção, mas nas cidades modernas não sabemos ao certo onde devem estar os seus limites. Desde o início da revolução industrial, foram construídos edifícios em quase todos os locais onde os industriais podiam utilizar um curso de água para gerar energia hidráulica. Desde então, os limites das cidades deixaram de ser claros. No entanto, apercebemo-nos instintivamente quando entramos na cidade, porque o tráfego se torna mais denso e imprevisível. Se a densidade continua a aumentar, esperamos encontrar lojas. Onde a densidade é maior, encontramos edifícios de escritórios, e chamamos-lhe Central Business District ou CBD. Existem semelhanças com este padrão em todo o mundo. Reconhecemos os CBD e a utilização do solo urbano, mesmo que não consigamos definir os seus limites.

Cada cidade tem as suas próprias características que se exprimem nos edifícios. Essas características podem ser um estilo arquitetónico tradicional, como as townhouses de Paris ou os arranha-céus de Nova Iorque, os kampungs de Jacarta ou os apartamentos de Singapura, as estruturas sólidas de Edimburgo ou Veneza ou a aparente transitoriedade das casas de Los Angeles ou Banjarmasin.

A imagem que temos de uma cidade é, em grande parte, a imagem dos seus edifícios. Nova Iorque é densa, com ruas profundas e cavernosas, Los Angeles é extensa, aparentemente com mais outdoors do que edifícios. Surabaya atinge uma densidade elevada com poucos edifícios altos, e a maioria das casas são pequenas e situadas em ruas estreitas.

É frequente associarmos uma cidade a apenas um dos seus edifícios. Vemos esses edifícios nas previsões meteorológicas internacionais e nas brochuras turísticas. A imagem do edifício simboliza a cidade. Quando visitamos as cidades, concentramo-nos nos edifícios emblemáticos e reconhecemo-los com um instinto tão forte como o dos cães

[2] Source

que farejam os troncos das árvores.

Quando vemos uma fotografia da Estátua da Liberdade, pensamos em Nova Iorque. Quando vamos a Nova Iorque, visitamos a Estátua da Liberdade. Quando vemos uma fotografia da Casa Branca, pensamos em Washington DC. Quando viajamos para Washington, passamos de carro pela Casa Branca. É Washington, dizemos nós. Em Sydney, a Ópera, em Paris a Torre Eiffel, em Roma a Basílica de São Pedro e em Jacarta o Monumento Nacional.

As pessoas constroem por muitas razões. Os arquitectos modernistas acreditavam que só construíam edifícios para os poderem utilizar. Não havia outra razão para construir. A forma dos edifícios deve ser ditada pela sua função, quer se trate de alojamento para casas ou de abrigos para máquinas, mercados ou armazéns.

A arquitetura moderna, tal como todos os outros estilos anteriores, é uma resposta à necessidade de construir do homem. Para onde quer que olhemos, há estas enormes torres de betão, vidro e pavilhões de chapa metálica que cobrem hectares de terreno. São educadamente designadas por escritórios e fábricas.

O simbolismo sexual dos edifícios de escritórios tem sido frequentemente apontado - torres que exprimem masculinidade e que talvez reflictam o desejo dos seus proprietários de obter o favor da cidade virgem. De onde vem esta vontade das empresas de competir de uma forma tão agressivamente masculina, mesmo na forma dos seus edifícios? Porque é que têm de erguer monumentos tão rígidos à sua não-magnificência?

Senhores, por favor
Prefiro flores
À rigidez assustadora das vossas torres.

Os ricos constroem habitações palacianas que são demasiado grandes para as suas necessidades de abrigo ou de entretenimento. Os pobres fazem arcos de cartão junto a uma linha de caminho de ferro, satisfazendo os seus instintos de construção muito antes das suas necessidades de abrigo, alimentação e vestuário. Todos nós precisamos de um sítio para comer e dormir, mas porque é que precisamos de criar estas formas extraordinárias a que chamamos edifícios e cidades? Não poderia haver outra forma de encontrarmos um sítio para viver e trabalhar? Será que temos de construir algo assim?

O instinto de construção dos seres humanos é real e forte. Mas não é o mesmo tipo de instinto de construção que o dos pássaros ou das aranhas. Cada aranha de Santo André constrói uma teia idêntica, e cada pardal constrói um ninho idêntico. As formigas trabalham em conjunto para construir um ninho, sem um plano, mas seguindo sempre o mesmo padrão. Cada espécie tem a sua própria fórmula.

As pessoas constroem e utilizam os edifícios de uma forma extraordinariamente diversificada. Cada um tem a sua própria fórmula, que elabora e desenvolve ao longo da sua vida. Alguns ocupam um edifício que lhes foi posto à disposição por outros, como uma espécie de cuco, e mobilam-no de acordo com o seu próprio projeto. Podem utilizar o arranha-céus de outra pessoa para trabalhar e o apartamento de outra pessoa para viver. Nalgumas cidades como Singapura, há muito poucos construtores de ninhos e muitos cucos. Nos kampungs de Jacarta, quase toda a gente costumava construir a sua própria casa, mas a construção de casas é cada vez mais uma especialidade dos promotores imobiliários. Ao contrário de outras criaturas, os construtores humanos e os ocupantes humanos não são espécies separadas, mas uma e a mesma espécie que se comporta de formas muito diferentes.

Os animais seguem instintivamente um padrão de construção ou de criação de territórios. O instinto de construção humano utiliza padrões de construção que são definidos por tradições, mercados, regras e, acima de tudo, criatividade. *As tradições são a forma como* ensinamos os nossos filhos e aprendizes a fazer as coisas. *Os mercados são* os meios através dos quais as pessoas comunicam o que pretendem aos construtores. As *regras são a forma como* a sociedade restringe o desempenho dos construtores. E *a criatividade é* a qualidade especial das pessoas que as leva a fazer algo novo e intencionalmente atrativo.

As tradições, os mercados e as regras permitem que certos grupos de pessoas adquiram a capacidade de construir. As tradições, os mercados, as regras e a criatividade humana permitem à sociedade garantir que os edifícios criados por essas pessoas satisfazem as necessidades pessoais e comunitárias.

Algumas formas tradicionais de construção são indígenas e antigas, como os telhados da Sumatra Ocidental e as paredes de tijolo de Bali. Estas tradições resistiram a influências externas durante séculos e podem ser subitamente ameaçadas. Outras formas comuns são locais e relativamente recentes, como as altas cercas ornamentais em Jacarta, onde cada casa tem o seu próprio estilo, reflectindo a extensão da prosperidade recente.

Algumas formas tradicionais são mais étnicas do que regionais. As regras do *Feng Sui,* que variam pouco onde quer que exista uma comunidade chinesa, influenciam a forma arquitetónica dos edifícios chineses, incluindo na Austrália. E algumas formas comuns são internacionais, estilos arquitectónicos reconhecíveis que têm apenas algumas décadas, como o edifício de escritórios moderno, que foi em grande parte criado pelas forças económicas modernas e pela cultura do mundo empresarial internacional, bem como pela filosofia arquitetónica modernista.

Os regulamentos que ajudam a moldar a cidade regulam os materiais de construção, os métodos de construção, a qualidade, a saúde, a segurança e a conformidade. Sem a conformidade regulamentada, as nossas cidades pareceriam caóticas. Os regulamentos de planeamento urbano regem a conformidade da densidade de construção, a altura dos edifícios, as distâncias dos edifícios em relação às ruas e a utilização dos edifícios nas zonas.

Nalgumas culturas, os regulamentos a que os construtores devem obedecer são mais rigorosos do que noutras. O desenvolvimento tradicional em Bali tem regras para cada segmento de cada edifício

e a casa de banho deve estar sempre situada no canto sudoeste da propriedade. Em Kuala Lumpur, todos os edifícios de escritórios modernos têm de ter uma caraterística malaia. Isto contrasta com Los Angeles, com o seu caleidoscópio de formas e cores arquitectónicas. Em L.A., os promotores imobiliários e, sobretudo, os publicitários de rua têm grande liberdade. Também há liberdade nos bairros de ocupantes de Jacarta, porque o governo não foi capaz de os controlar no passado e porque os residentes não foram capazes de cumprir as normas legais. Os edifícios crescem em quase todas as direcções e formas, limitados apenas pelo espaço e pelo dinheiro que os residentes conseguem angariar.

Mas mesmo nos casos em que existe uma grande liberdade por lei ou por não aplicação da lei, esta liberdade não é plenamente utilizada pelos promotores. Nos bairros sociais, o apoio e a cooperação da comunidade criam uma uniformidade social de conceção. Mesmo em Nova Iorque, onde foi dada tanta liberdade aos construtores, esta foi expressa numa competição pela altura e num esforço para fazer uma declaração de singularidade através da conformidade. A conformidade é o ingrediente essencial que confere a muitas cidades o seu carácter único. Paris caracteriza-se pela uniformidade das suas moradias ao longo das avenidas. Amesterdão tem o seu estilo diferente de casas ao longo dos canais. Camberra tem casas que estão quase escondidas pelas árvores e não têm vedações.

Os gestores das cidades são os impulsionadores dos projectistas e inovadores do ambiente urbano. Singapura atraiu os melhores arquitectos do mundo para muitos dos seus edifícios. Jacarta, a um nível mais modesto, há mais de quatro décadas que aproveita a inovação comunitária através do programa de melhoramento das aldeias kampung para melhorar a qualidade das suas aldeias urbanas, embora as administrações mais recentes tendam a favorecer as torres altas. Estes são dois exemplos de controlo positivo por parte do governo da cidade que contrastam com as abordagens regulamentares habituais ao controlo da construção.

Os sistemas mais rígidos de controlo da construção limitam as possibilidades. Compare-se os projectos enfadonhos e restritivos da Rússia comunista e da Alemanha nazi com o caos de Los Angeles. As autoridades de desenvolvimento das novas cidades do Reino Unido, de Camberra e da habitação de Singapura também asseguram a uniformidade, restringindo a escolha dos cidadãos. Estes regimes são bem sucedidos durante algum tempo, desde que ofereçam compensações ou incentivos substanciais, como subsídios aos preços ou habitação gratuita, para que as pessoas desistam parcialmente do seu desejo de moldar o seu próprio ambiente. Mas a vontade continua a existir, reprimida e instintiva. No Reino Unido, em Camberra e em Singapura, as autoridades cederam grande parte do seu controlo a conselhos locais mais democráticos que permitem uma maior liberdade de escolha para satisfazer o instinto humano básico de construir.

Por outro lado, os locais com maior liberdade de construção são também os locais com maior risco de catástrofes, como terramotos, epidemias, inundações e incêndios.

Onde há pouco controlo, os interesses comerciais intervêm no ambiente local e colocam anúncios por todo o lado. A paisagem urbana é visualmente caótica.

> Acho que nunca vou ver
> Um cartaz, tão belo como uma árvore.[3]

Mas enganamo-nos se partimos do princípio de que a cidade é constituída apenas pelos seus edifícios. Esta imagem da cidade é limitada. Dá pouca orientação aos gestores municipais sobre a forma de tornar a cidade mais habitável. Devem os gestores municipais aumentar ou reduzir os controlos? Devem os gestores municipais tentar ditar a forma urbana através do controlo da construção, ou devem influenciá-la através de outros meios? Se conseguirmos aumentar a ecologização das nossas cidades, será importante que a forma do edifício seja caótica? Teremos de olhar para a cidade de muitas outras formas se quisermos compreender questões como estas.

2.2 A cidade como local de construção

Sydney será fantástica quando estiver concluída[4]

A cidade está sempre em construção. Em tempos de expansão, é como se toda a cidade fosse um estaleiro de construção. Por toda a cidade, os materiais de construção são

[3] Ogden Nash, que depois disse: "Se os cartazes não forem retirados, talvez nunca mais veja uma árvore".

[4] Anónimo, mas provavelmente plagiado de alguém de outra cidade

levados para os locais de construção, causando engarrafamentos, bloqueando os passeios, sendo levantados e largados e criando pó. Os trabalhadores estão ocupados a abrir buracos nas ruas e nas bermas das estradas, a subir andaimes, a transportar e a colocar materiais e a fazer barulho. As gruas levantam, as niveladoras empurram, os bate-estacas conduzem, os compressores cortam o betão. E em cada estaleiro de construção há uma pessoa responsável, o gestor de projeto ou gestor de obra. É ele que determina quem trabalha onde, de onde vêm os materiais, onde são armazenados, como são instalados, que máquinas são utilizadas e quando são realizadas as actividades individuais, com que rapidez devem ser concluídas e qual a eficiência do trabalho.

Quem faz o trabalho dos encarregados de toda a cidade como um estaleiro de obras? Quem é que decide quanto tempo é que um caminho ou uma estrada ficam fechados, quando é que se faz barulho ou quanta poeira pode ser tolerada? Quem pode determinar se toda a indústria da construção está a trabalhar de forma eficiente?

Cada construtor inteligente determina os custos do seu projeto:

> Quando um de vós planeia construir uma torre, primeiro senta-se e calcula quanto custará para ver se tem dinheiro suficiente para terminar a obra. Se não tiver, não pode acabar a torre depois de ter lançado os alicerces; e todos os que virem isto vão rir-se dele. "Este homem começou a construir, mas não a pode acabar", dirão.

Mas quem determina o custo para o município de construir estradas, evitar engarrafamentos, remover esgotos e resíduos? Podemos gozar com a Câmara Municipal por não calcular os custos para o município ou para o ambiente? Podemos dizer que o presidente da câmara "começou a construir mas não consegue acabar a obra"?

2.3 A cidade como modelo de ordenamento do território

Cada edifício e cada parcela são utilizados para um ou mais fins ou actividades. Algumas utilizações semelhantes estão juntas, como as lojas num mercado. Algumas utilizações semelhantes estão distantes umas das outras, como os locais de culto espalhados pela comunidade. Este agrupamento e dispersão cria um padrão de utilização do solo. Este padrão é, em si mesmo, uma imagem da cidade que está representada nos actuais mapas de uso do solo.

Os mapas actuais de uso do solo descrevem a cidade tal como ela era na altura em que o mapa foi criado, descrevendo a distribuição geográfica da atividade humana de acordo com as categorias específicas de uso do solo definidas pelos planeadores. Estas categorias de uso são normalmente:

- Utilização residencial, diferenciada em função da densidade
- Utilização comercial, distinção entre lojas e escritórios
- Utilização industrial, distinguindo entre armazenagem, indústria ligeira, indústria pesada e indústria poluente
- Utilizações públicas, como escolas, hospitais, autoridades públicas, parques públicos e edifícios religiosos
- Agricultura
- Reservas naturais como parques e faixas costeiras
- Transportes, tais como estradas, caminhos-de-ferro, portos.

Os planeadores urbanos e os políticos criam um padrão normativo para a cidade quanto à forma como o governo pretende autorizar a utilização do solo. Isto é demonstrado em mapas de uso permitido do solo. Estes mapas baseiam-se em leis que dão aos governos locais o direito de regular a utilização do solo. Os mapas de utilização permitida do solo informam *os utilizadores do solo* se estão ou não a utilizar o seu terreno de uma forma permitida. Informam *os promotores imobiliários* sobre a forma como estão autorizados a alterar a utilização do solo. E informam *os vizinhos sobre a forma como* os terrenos à sua volta podem ser utilizados. Assim, os mapas de utilização permitida do solo oferecem aos proprietários e promotores um âmbito limitado para a utilização do solo e aos vizinhos uma certeza limitada sobre o que pode acontecer na sua vizinhança.

Estas restrições limitam a utilização dos terrenos, a densidade de utilização e criam condições para o seu desenvolvimento. Dentro dos limites definidos por estes mapas, os promotores e os proprietários têm uma certa liberdade de escolha relativamente às actividades que desenvolvem nos seus terrenos e à dimensão dos edifícios que podem construir nos mesmos, bem como à sua forma e, eventualmente, aos materiais e cores.

A segurança limitada dá aos vizinhos algum conhecimento do que pode acontecer no seu bairro, mas não lhes pode dizer o que vai acontecer. Não lhes dirá quem irá comprar ou vender propriedades ou como o tráfego na sua rua irá mudar. Para a maioria das pessoas, no entanto, é suficiente saber que o seu bairro deve estar livre de indústria, comércio ou outros desenvolvimentos indesejáveis.

Quanto mais rígidas forem as condições de utilização dos terrenos, mais limitada será a escolha dos promotores imobiliários. Este facto tem um impacto no mercado imobiliário. Por vezes, pode levar a que um local perca uma oportunidade de desenvolvimento se os investidores investirem o seu dinheiro noutro bairro, cidade ou país. Além disso, as condições de utilização do solo mais restritivas aumentam a segurança dos actuais utilizadores do solo, fazendo com que se sintam mais seguros e mais dispostos a melhorar a qualidade do bairro.

Os mapas de utilização dos solos permitidos são muitas vezes vistos, erradamente, como modelos para o futuro de uma cidade. Na realidade, são modelos muito pobres. Quando o uso do solo permitido difere do uso existente, o desenvolvimento é possível, mas não necessário. Não há qualquer obrigação de mudar de uso. As restrições à utilização do solo são restrições ao mercado imobiliário e não às actividades em si. Os mapas de usos do solo permitidos influenciam quem compra e vende terrenos, onde os terrenos são comprados e vendidos e como e quando são construídos. É o mercado imobiliário, e não o mapa, que determina a utilização dos solos na cidade.

Os planos de ordenamento do território autorizados são um instrumento rudimentar. Para estimular o desenvolvimento e dar aos promotores uma escolha no mercado, é necessário zonar muito mais terrenos do que o necessário. Isto deixa terrenos vagos e desarrumados ao lado de lotes urbanizados, uma manta de retalhos entre o velho e o novo.

Os planos de utilização autorizada do solo restringem as utilizações possíveis das áreas de construção. Isto pode levar a uma prestação ineficiente e inadequada de serviços públicos. Designar um terreno para um hospital não é o mesmo que prestar serviços de saúde à comunidade. Designar centros comerciais não garante que a comunidade disponha da melhor combinação de lojas. Proibir a habitação associada ao emprego impede as pessoas de se deslocarem a pé para o trabalho.

Os planos de ordenamento do território autorizados não são, por si só, um instrumento adequado para modelar o aspeto da cidade. Os administradores das cidades precisam de outros instrumentos para controlar e promover o desenvolvimento, para além dos planos de ordenamento do território autorizados.

Nalgumas zonas, os administradores municipais podem considerar importante retirar *algumas liberdades à comunidade, a* fim de impor uma maior qualidade de desenho urbano, criar equipamentos públicos especiais ou preservar edifícios de importância histórica ou cultural. Noutros casos, pode ser necessária uma flexibilização dos *regulamentos* para incentivar a criatividade da comunidade. Foi o caso da construção de Jalan Ciamplas, a louca rua do mercado de jeans em Bandung, com a sua fascinante mistura de utilizações. Noutras partes da cidade, os vereadores podem favorecer um sistema de *incentivos positivos* para atrair o melhor desenvolvimento ou acelerar o desenvolvimento. Esta tem sido a base para o desenvolvimento de grande parte da arquitetura cívica na nação insular de Singapura.

E preferem cada vez mais permitir utilizações mistas, a fim de aproximar as pessoas, os mercados e os locais de trabalho, reduzir a dependência dos transportes privados e tornar a cidade mais excitante 24 horas por dia.

Restrições mais fortes, menos restrições e incentivos positivos são adições necessárias aos planos de utilização de terrenos permitidos. Só com estes instrumentos é que os planos de ordenamento do território podem ser utilizados como imagens para o desenvolvimento da cidade.

2.4 A cidade como uma rua

Algumas cidades são mais recordadas pelas suas ruas do que pelos seus edifícios. Da rua, talvez não se vejam os edifícios de Nova Iorque que se erguem por cima de nós. Lembramo-nos de Times Square e da 42nd Street, mas talvez não dos edifícios que lá se encontram. Recordamos a Velha Lahore como um labirinto fascinante de ruelas que dão para lojas, salas de estar, corredores e escadas que sobem cinco ou seis andares, mas dificilmente vemos onde acaba um edifício e começa o seguinte. Só nos lembramos das ruelas e das salas que saem delas. Lembramo-nos de Veneza e Amesterdão pelos seus canais, de Los Angeles pelas suas auto-estradas, de Camberra pelos seus círculos e de Jacarta pelos seus engarrafamentos.

A estrada nem sempre é apenas uma artéria de tráfego. A estrada tradicional tinha muitas funções. Para o tráfego, era uma via para peões, carroças e cavalos. Era também o pátio da frente das casas, onde as crianças brincavam, os vizinhos se cumprimentavam e os estranhos se inspeccionavam, onde os jovens namoriscavam. É o mercado dos comerciantes, a fonte de ar fresco e de sol e o local onde se deita o lixo. E estão fechados para casamentos e funerais.

A rua, na maioria das cidades modernas, é muito mais funcional. Dá acesso aos veículos e, se tivermos sorte, aos peões. Dá espaço aos modernos serviços de infra-estruturas, gás, eletricidade, cabos telefónicos, abastecimento de água, drenagem e esgotos. As autoridades responsáveis pelas estradas ignoram ou proíbem cada vez mais qualquer outro objetivo. Mesmo os acessos pedonais são muitas vezes esquecidos ou ignorados. A poluição também afecta a amenidade das estradas para outros fins sociais que não o acesso.

O que é uma estrada? Se é apenas um lugar para os carros, é uma estrada arterial que vai de um parque de estacionamento a outro parque de estacionamento. Nos subúrbios, cada casa tem um parque de estacionamento para um ou mais carros e, para cada deslocação de casa, tem de haver outro parque de estacionamento no trabalho, no mercado ou em casa de um amigo. A cidade concebida para os automóveis é uma cidade de ruas e parques de estacionamento.

A Grande Jacarta é uma cidade com mais de cinco milhões de habitantes. E se todos eles tivessem um carro? Como a maioria das casas está situada em pequenas ruelas com apenas dois ou três metros de largura, as frentes da maioria das casas teriam de ser demolidas para transformar as ruelas em ruas. E os quartos da frente teriam de ser convertidos em garagens. Quase todas as casas de Jacarta terão de ser reconstruídas. Só para estacionar os carros em casa. E os parques de estacionamento no destino? Com 25 metros quadrados por carro, a Grande Jacarta precisaria de mais de cem quilómetros quadrados de espaço de estacionamento. Se a maioria das casas tiver sido convertida para permitir o estacionamento em casa e houver 100 quilómetros quadrados de espaço de estacionamento disponível nos destinos da cidade, Jacarta terá de construir ainda mais estradas para ligar os dois locais. O espaço total necessário excederia em muito a oferta disponível.

O crescimento da cidade exige a expansão das estradas, quer para os automóveis, quer para os autocarros, quer para as deslocações a pé para o comboio. Novas estradas para novas habitações, estradas alargadas para fazer face ao congestionamento do tráfego, caminhos pedonais e paragens de autocarros. E depois é preciso alargar mais estradas para lidar com o congestionamento que as estradas alargadas transferiram para onde ainda não existem estradas alargadas.

À medida que a população de uma cidade cresce, a cidade torna-se cada vez mais congestionada. Para evitar o congestionamento, as pessoas deslocam-se para zonas periféricas menos congestionadas, onde exercem maior pressão sobre a rede de transportes, especialmente as estradas. A expansão na periferia da cidade leva ao congestionamento, uma vez que as estradas rurais se tornam a base do desenvolvimento urbano. À medida que as estradas se tornam mais congestionadas, o governo é pressionado a alargá-las e a criar estradas sem portagens e com portagens. E estas estão a trazer mais tráfego para o centro. Isto aumenta a pressão para construir mais estradas no centro. Mais congestionamento e mais estradas no centro também levam a que mais pessoas se desloquem para os arredores da cidade para evitar o congestionamento no centro.

As pessoas que viajam de autocarro ficam sempre presas nos engarrafamentos e, por isso, querem comprar uma mota ou um carro. Quanto mais carros houver na estrada, mais engarrafamentos haverá. Quanto mais carros houver na estrada, mais lentos serão os autocarros, e mais pessoas aspirarão a viajar de carro, e mais pessoas quererão comprar um carro. Quando é que isto vai parar?

Trata-se de um círculo vicioso para o qual existem soluções claras. Singapura foi pioneira na imposição de restrições aos automóveis com menos de três ocupantes e, mais tarde, na cobrança de taxas pela utilização de estradas congestionadas. Cada vez mais cidades têm faixas exclusivas para autocarros, para que estes sejam poupados ao congestionamento causado pelos automóveis.

Muitas cidades estão a regressar à solução que existia antes da introdução do automóvel: comboios suburbanos e metropolitano ligeiro, uma parte dispendiosa mas essencial da solução. Muitas construíram monocarris, mas foram mais os monocarris que faliram do que os poucos que se revelaram viáveis.

Muitos países tributam fortemente os seus produtos petrolíferos. E muitos outros subsidiam os seus transportes públicos. Cada um destes métodos incentiva as pessoas a deixarem os seus carros em casa (ou melhor ainda, a deixá-los no salão de exposições!) e a utilizarem os transportes públicos.

As cidades estão também a tentar organizar a utilização dos solos e o desenho urbano para reduzir a necessidade de viajar de carro e aumentar a conveniência dos transportes públicos.

No passado, os planeadores aconselharam-nos vivamente a evitar cidades demasiado grandes. As cidades mais pequenas têm menores necessidades de transporte e estão menos congestionadas.

Com o seu livro "*Urban Green*", o americano Neil Chambers iniciou *um* repensar das cidades verdes e da dimensão das cidades. Uma cidade verde já não é uma cidade com ruas largas e arborizadas e grandes jardins frontais como Beverley Hills, onde toda a gente tem um carro e se desloca para todo o lado. As nossas cidades mais verdes são aquelas que utilizam menos energia e menos terra, deixando mais terra para a natureza e para usos não urbanos, e onde as pessoas andam mais a pé e utilizam mais os transportes públicos. Atualmente, a cidade verde moderna é mais parecida com a velha Lahore.

Um olhar sobre a cidade como uma rua leva-nos a concluir que precisamos de mudar a nossa visão da rua!

2.5 Redes de serviços

As estradas dão espaço a redes que transportam serviços. Estas redes formam a fascinante cidade subterrânea de fios e tubagens que Persig descreveu. Apesar dos mapas elaborados por várias autoridades, é quase impossível saber por onde passam todos os tubos e cabos. Quem escava nas ruas encontra sempre tubos e cabos.

Todas as redes são fixas. Tal como as estradas são concebidas para que as pessoas se possam deslocar nelas, todas as outras redes são concebidas para que algo se possa deslocar nelas. E cada uma tem os seus próprios dilemas e contradições, tal como a conceção das estradas.

Drenagem

A água corre para baixo, para canos, canais e vales que a canalizam ainda mais para baixo. Esta não é necessariamente a direção em que a cidade se desenvolverá. A água também se infiltra no solo, especialmente onde crescem árvores. À medida que a cidade cresce, as árvores são arrancadas e o solo é coberto por edifícios e pavimentos. A água corre agora pelas superfícies sólidas em vez de ir para o solo. Desce pelas ruas e esgotos até ficar apertada e causar inundações. Para parar a inundação, removemos a constrição para que a água flua rapidamente mais a jusante. Quanto mais depressa flui a jusante, maior é a probabilidade de se encontrar com o escoamento de outras partes da cidade, onde provoca uma inundação ainda maior.

Quando chove mais do que o habitual, há mais inundações. Os engenheiros planeiam a drenagem para inundações que só são esperadas uma vez de cinquenta em cinquenta anos. Nos últimos anos, muitas cidades registaram várias inundações que só ocorrem uma vez de cinquenta em cinquenta anos. Os cientistas vêem duas razões para este facto. Culpam a perda de capacidade de absorção do solo dentro e à volta das cidades, causada pela desflorestação das encostas a montante e pela expansão do alcatrão e do betão. E culpam as alterações climáticas. Ambas podem ser atribuídas, em grande medida, à má governação.

Na prática, porém, muitas ruas ficam inundadas sempre que chove, porque a água da chuva não aprendeu a passar da rua para o sistema de esgotos. Isto deve-se a uma tecnologia deficiente.

Uma boa drenagem rodoviária segue as regras simples da *política estrada-seca-drenagem-seca.* A água deve escoar rapidamente da estrada para os esgotos e, após a chuva, a estrada fica seca. A água deve escoar lentamente das valetas para os esgotos até que toda a água flua para os esgotos e estes estejam secos. Esta política exige que as estradas e as sarjetas sejam projectadas de modo a que a água escoe para os esgotos. Os sumidouros devem ser suficientemente grandes para reter a quantidade de água necessária para atrasar o escoamento para os esgotos e devem ser dimensionados de modo a que a água não fique estagnada quando a chuva pára.

Uma boa drenagem abranda o escoamento sempre que possível, de modo a que a água não se acumule onde possa causar inundações. As barragens e os polders são construídos para reter as águas das cheias de modo a que a água possa fluir mais lentamente para jusante.

Onde o terreno é plano, a água escoa lentamente. Nas cidades costeiras, o gradiente de drenagem depende das marés. Na maré baixa, a água da chuva corre para o mar, mas na maré alta, especialmente durante a maré da primavera, em junho e dezembro de cada ano, o gradiente pode ser negativo! Em Banjarmasin, o solo está, em média, 40 centímetros abaixo do nível médio da maré alta! A drenagem aqui tem de ser bem planeada e disciplinada na sua gestão e manutenção, não para que os esgotos sequem, porque não podem, mas para que a água passe sempre por eles.

A irrigação consiste em extrair água de uma fonte e distribuí-la sobre a terra a irrigar. Os canais de irrigação são inicialmente largos e, quanto mais a água corre para os campos, mais estreitos se tornam. O declive dos canais de irrigação é cuidadosamente planeado para controlar a quantidade de água a ser utilizada nos terrenos agrícolas. Quando uma cidade se expande para uma área irrigada, já não precisa da água destes canais, mas tem de a extrair.

Mas como os canais de irrigação existem, são utilizados como canais de drenagem. Os canais de uma cidade precisam de ser mais largos à medida que fluem para jusante, não mais estreitos; precisam de recolher a água, não de a distribuir. A drenagem e a irrigação são sistemas opostos, e as cidades que usam canais de irrigação para drenagem estão sempre inundadas.

Abastecimento de água

Enquanto se faz um grande esforço para eliminar as águas pluviais que caem na cidade e provocam inundações, outro esforço é feito para trazer a água para a cidade em quantidade mais constante para vários fins municipais.

A cidade precisa de muita água para a indústria, para descargas de sanitas, para lavar corpos, roupas, carros, estradas e para regar jardins, e um pouco de água para beber e cozinhar. A água é essencial para a vida. Para fornecer esta água, as cidades precisam de a recolher, armazenar, transportar, tratar e depois distribuir aos utilizadores.

Por vezes, constroem grandes barragens, como Warragamba ou Jatiluhur, e outras vezes limitam-se a bombear a água do solo por baixo da cidade. Por vezes, têm de transportar a água várias centenas de quilómetros, como acontece com a água para Los Angeles. Por vezes, a água é captada diretamente de um rio vizinho.

A água é purificada e clorada para eliminar as bactérias nocivas. A água municipal é bombeada da fonte para os reservatórios nas colinas ou torres e depois canalizada através de tubos para os clientes. Se demasiados clientes abrirem as torneiras ao mesmo tempo, deixa de haver capacidade suficiente para abastecer toda a gente e a água passa a correr aos poucos. A pressão pode ser tão baixa que a pressão da água subterrânea nas proximidades dos tubos é mais elevada. À mais pequena fissura, a água contaminada pode entrar nos canos.

As perdas de água devido a canos rebentados são uma grande preocupação para o sector do abastecimento de água. Nalgumas cidades, a administração falsifica os números relativos às perdas de água para cobrar mais dinheiro pela compra de produtos químicos do que aquele que efetivamente compram. A água pode estar limpa, mas a administração não está.

Rede de esgotos

Quando usamos a água, contaminamo-la com sabão, sujidade, dejectos humanos, papel higiénico e resíduos industriais. A maior parte desta água acaba por voltar para o ambiente, para o solo ou para o sistema de esgotos.

A água que não é adequada para ser devolvida ao ambiente sem tratamento, por exemplo, a água contaminada por dejectos humanos, é designada por águas residuais. Como são insalubres, são tratadas em boas cidades e eliminadas onde causem o mínimo de danos possível. O sistema de eliminação das águas residuais é designado por sistema de esgotos. Tal como as águas residuais, o sistema de esgotos flui para baixo. Nos antigos sistemas de esgotos, todas as águas residuais de todas as casas e locais de trabalho são ligadas a grandes estações de tratamento, onde as águas residuais são tratadas em várias fases antes de serem eliminadas, e algumas são devolvidas ao rio de onde vieram para serem utilizadas pela cidade seguinte a jusante. Uma casa de banho em Chicago tem um sinal:

> Por favor, puxem o autoclismo, St Louis precisa de água.

A recolha de águas residuais num único local acarreta riscos. Nas cidades das zonas rurais planas, as águas residuais têm de ser bombeadas para as estações de tratamento de águas residuais. O tratamento é lento, pelo que grandes quantidades de águas residuais têm de ser armazenadas antes de serem devolvidas ao ambiente. Se uma inundação entra no sistema, este armazenamento pode ficar sobrecarregado e descarregar as águas residuais não tratadas no ambiente e, por vezes, nas ruas da cidade.

Em cidades com sistemas de esgotos inadequados, os esgotos estão sempre contaminados com dejectos humanos parcialmente tratados, libertando gases que podem cheirar mal e até explodir, como aconteceu uma vez na Cidade do México, segundo um mito urbano, ou levar ao nome de uma cidade, como em Jacarta, conhecida como O Grande Durião.

Os gases libertados pelos esgotos não são muito diferentes dos gases que nos custam milhões de dólares para canalizar para as casas e para a indústria. Quando os gases são drenados das águas residuais, fica um resíduo que não é muito diferente do fertilizante que nos custa milhões para espalhar nas quintas e jardins.

A construção de esgotos é muito dispendiosa: para os tubos, para as estações de tratamento, para a eliminação ao largo da costa ou nos rios e para o impacto na sociedade das cidades quando os tubos são colocados ao longo das ruas. A razão pela qual recolhemos todas estas águas residuais num sistema paralelo ao sistema de esgotos é que esta é a tecnologia disponível.

A tecnologia mais lógica seria tratar as águas residuais o mais próximo possível da fonte. Sonya, a mulher de um quadro superior de uma conhecida empresa de tratamento de águas residuais e conhecida por alguns como o *poder por detrás do* trono, argumentou que o verdadeiro trono é a sanita e o *verdadeiro poder por detrás do trono são* os próprios resíduos, uma fonte de energia não utilizada. Os gases gerados debaixo do assento na divisão mais pequena da casa, disse ela, são uma fonte potencial de energia que todos nós estamos a desperdiçar quando nos recusamos a tratar as águas residuais o mais próximo possível da sua origem.

As águas residuais podem ser tratadas no local com fossas sépticas. Se for bem projectada e construída, a fossa séptica trata a maior parte das águas residuais e fornece nutrientes aos jardins, permitindo que a água se evapore. Em zonas residenciais densas e com vários andares, o tratamento individual é difícil. Pequenas estações de tratamento coletivo que abrangem pequenas comunidades são eficientes, mas requerem uma boa monitorização e manutenção, bem como um espaço verde urbano adequado para fornecer os nutrientes e permitir a evaporação.

Precisamos urgentemente de adotar novas tecnologias adequadas para o tratamento dos resíduos humanos, a fim de reduzir os enormes custos de tornar as nossas cidades verdes e saudáveis para as pessoas e de as manter assim.

Lixo

De onde vem o lixo? Todo o lixo que é retirado das casas, dos mercados e dos locais de trabalho foi previamente trazido para as casas, para os mercados e para os locais de trabalho a partir de outro sítio. Que desperdício! Porque não retirar primeiro o lixo antes de trazer os bens para as casas, mercados e locais de trabalho? É assim que se faz nos mercados de carne. Cortam toda a gordura e os ossos e, nos mercados modernos, a carne é embrulhada em plástico! Dizem que assim se poupam resíduos, mas criam outro tipo de resíduos difíceis de eliminar: o plástico!

O que é o lixo? Alguns resíduos foram *temporariamente úteis* antes de se tornarem lixo, como as embalagens e os jornais. A sua utilidade foi de curta duração e, quando deixam de ser úteis, tornam-se resíduos. Alguns resíduos são criados quando os bens são valorizados; são *subprodutos* da indústria, como a serradura, as cascas de coco e muitos produtos químicos. Outros resíduos são *restos de* comida, como restos de comida velha. Alguns resíduos são *materiais usados* e produtos que estão na prateleira depois da data de validade, como pneus e baterias velhos, leite azedo e medicamentos velhos. Outros resíduos são simplesmente os que *já não são desejados*, como rádios velhos e roupas velhas.

Com engenho, esses resíduos podem muitas vezes ser transformados em algo útil, porque os resíduos que são inúteis para um grupo de pessoas podem ser úteis para outro. Alguns podem ser reciclados, por exemplo, o vidro, o papel, o vestuário e alguns plásticos. Outros decompõem-se e produzem gases e fertilizantes úteis.

O sistema de resíduos é o processo através do qual estes objectos indesejados são transferidos de um local onde já não são desejados para um local onde são desejados ou para um local onde a comunidade pode fingir que já não existem. O local onde a sociedade guarda o seu lixo pode parecer seguro, mas normalmente só é considerado seguro por ignorância. As sociedades tradicionais deitavam os seus resíduos biodegradáveis onde a natureza os podia utilizar: Os patos comiam os restos de comida e produziam excrementos que se tornavam fertilizantes para o cultivo de alimentos. Agora, deitam plásticos e pilhas velhas no mesmo sítio, sem se aperceberem de que os plásticos não serão comidos pelos patos nem se decomporão dentro de duzentos anos e que as pilhas decompostas os envenenarão.

As comunidades urbanas assistem ao arrastamento do lixo dos rios para o mar.

Nalgumas cidades, as pessoas vivem onde a maré transporta o lixo para o mar, mas também o traz de volta, para os rios ou para as praias, por vezes com peixes mortos envenenados por plásticos indigestos e produtos químicos. Algumas comunidades enterram os resíduos sem se aperceberem de que as águas subterrâneas contêm toxinas que põem em perigo o ambiente.

O chefe adjunto do serviço de limpeza de uma grande cidade asiática foi chamado ao chefe do gabinete de desenvolvimento. Queria saber por que razão o lixo de uma praça do mercado não era recolhido há mais de uma semana e estava a apodrecer. O lixo estendia-se numa longa pilha a mais de cem metros do passeio. "Diga-me qual é a função do serviço de limpeza", gritou o subgerente irritado. O subchefe sentou-se calmamente enquanto organizava os seus pensamentos. "O serviço", disse ele calmamente, com uma ponta de malícia no sorriso, "está autorizado a recolher o lixo". "Está autorizado? Autorizado?", resmungou o chefe do departamento, "não é ele que manda?"

O assistente, aparentemente calmo, esperou que o patrão deixasse de estar zangado e respondeu com extrema cautela. "Não temos autoridade para comprar novos camiões. Não temos autoridade para contratar pessoal adicional ou penalizar os motoristas que utilizam os camiões para outros fins. Por isso, não consigo perceber como podemos ser responsáveis pela recolha do lixo." É, de facto, bom saber que, trinta anos depois, o sistema está a melhorar.

Todo o sistema de resíduos é mais do que a simples recolha de resíduos domésticos ou de empresas e o seu transporte para um aterro. Começa com o processo de tomada de decisões que determina o que é um resíduo, como reduzir a quantidade de material classificado como resíduo e que incentivos e desincentivos existem para uma reciclagem e processamento rentáveis. Trata-se também de garantir a segurança da eliminação e de monitorizar a eliminação pública e privada de resíduos para garantir essa segurança.

Energia

As redes de linhas de eletricidade e gás e os distribuidores de garrafas de petróleo e gás transportam a energia dos produtores e refinarias para os consumidores, para aquecimento, arrefecimento, cozinha, iluminação e funcionamento de máquinas. Esta energia torna possível a cidade moderna, dando-lhe a produtividade da sua indústria e a mobilidade para se ligar a tudo em todo o lado. Podemos ver a cidade como um sistema energético que recolhe a energia, a transforma em formas transportáveis, a distribui e a utiliza.

As três formas de energia mais úteis são o petróleo, o gás e a eletricidade. No entanto, a forma mais comum de energia é a luz solar, que atinge toda a cidade todos os dias. A luz solar incide sobre os telhados da maior parte dos edifícios e é suficiente para fornecer energia aos habitantes. Uma parte desta energia é por vezes utilizada para produzir eletricidade.

A energia do sol atinge o ar e é reflectida na superfície da Terra, criando ventos. O ar quente expande-se e sobe, puxando o ar mais frio para a sua pressão mais baixa em padrões rodopiantes. As correntes de vento regulares são utilizadas para navegar barcos, arrefecer motores, acionar bombas e até gerar eletricidade em "parques eólicos".

O sol que brilha nos mares e nos lagos evapora a água, que se acumula nas nuvens que a transportam até à chuva. A chuva que desce pelos rios é outra fonte de energia que compete com o abastecimento de água das barragens. Os engenheiros calcularam mal a quantidade de água no rio Asahan, em Sumatra. Para aumentar a produção de energia para a sua fundição de alumínio, dragaram o caudal do Lago Toba, fazendo baixar o nível da água do lago em mais de um metro, o que teve um grave impacto nas actividades à beira do lago, embora apenas temporariamente tenha aumentado o abastecimento de água para a central hidroelétrica.

Onde os rios e riachos correm suavemente, podem ser construídos geradores e bombas para abastecer as aldeias com eletricidade e água. Rios como o Snowy, na Austrália, são excelentes fontes de energia, uma vez que podem ser criados grandes reservatórios que permitem regular o rio.

As marés e as correntes oceânicas são outra fonte significativa de energia. As correntes fluem entre as ilhas da Indonésia a uma velocidade considerável, uma vez que as forças lunares e as correntes oceânicas puxam a água do Oceano Pacífico para o Oceano Índico, uma fonte de energia potencialmente enorme, talvez suficiente para substituir todas as outras fontes de energia na Indonésia e bem capaz de satisfazer as necessidades energéticas de milhares de ilhas.

O sol incide sobre as plantas do mar e da terra e fornece-lhes energia para crescerem. As plantas são uma fonte de lenha e de açúcares. O corpo humano utiliza a energia dos açúcares e dos hidratos de carbono para realizar as suas tarefas.

O álcool também pode ser obtido a partir do açúcar, que pode ser utilizado para produzir etanol, um substituto do petróleo.

O petróleo, o carvão e o gás são extraídos da terra. São combustíveis fósseis, ou seja, foram criados em tempos antigos através da decomposição de plantas. Quando os queimamos, libertamos no ar as mesmas partículas de carbono que estas plantas absorveram durante o seu crescimento há milhões de anos. A libertação de demasiado carbono no ar, sob a forma de dióxido de carbono, tem consequências catastróficas a longo prazo. Inicialmente, chamava-se a isto efeito de estufa, porque o dióxido de carbono na atmosfera retém o calor do sol como uma estufa e aumenta a temperatura do planeta. Atualmente, chama-se alteração climática porque podemos ver os efeitos nos ventos, na chuva, nas correntes oceânicas e até no nível da água dos oceanos.

Poderíamos substituir todos os combustíveis fósseis pela colheita de madeira e pelas plantações de álcool. Desta forma, poderíamos utilizar o dióxido de carbono abundante no ar e a luz solar abundante que cai sobre nós todos os dias. Não precisamos de utilizar o dióxido de carbono que Deus armazenou debaixo da terra há milhões de anos. Cada família precisaria talvez de 1000 metros quadrados de terra cultivável, desde que fossem utilizadas formas eficientes de conversão de energia.

No entanto, se for deixado à dinâmica da economia atual, o cultivo de combustível compete com o cultivo de alimentos, o que pode ter um impacto drástico sobre os pobres.

A maioria das utilizações da energia tem sido ineficiente. Enquanto a tecnologia está a criar máquinas mais eficientes, os seres humanos estão a encontrar formas menos eficientes de as utilizar. Atualmente, usamos menos lâmpadas ineficientes do que antes, porque compramos lâmpadas fluorescentes e LED mais eficientes. Mas deixamos as lâmpadas mais brilhantes acesas durante mais tempo. Os sistemas de ar condicionado modernos são muito mais eficientes do que eram há duas décadas. Mas as pessoas estão a aprender a usar camisolas de lã quando estão sentadas em salas com o ar condicionado ligado no máximo. Os automóveis estão a tornar-se cada vez mais eficientes, mas conduzimos mais tempo para encontrar um lugar de estacionamento.

Telefone

A primeira revolução telefónica permitiu que as pessoas comunicassem a longas distâncias. As pessoas podiam falar em todo o mundo e enviar sinais, inicialmente em código Morse e atualmente em código binário, vídeos e enormes quantidades de dados.

A segunda revolução é o telemóvel, que nos liberta quase completamente da cidade. Cada pessoa no mundo tornou-se um vizinho, separado apenas por um número de telefone.

Podemos encarar a casa, o bairro, a cidade e o mundo como um sistema de comunicação com várias camadas. A comunicação inclui contactos pessoais, telecomunicações, correio, imprensa, televisão, rádio e redes sociais, dados gerados por computador e respostas a perguntas, bem como transacções financeiras. As tecnologias da comunicação e da informação são o sector de crescimento mais rápido, não só nos países industrializados, mas também nos países em desenvolvimento, à medida que cada vez mais pessoas lêem, viajam e comunicam à distância.

As telecomunicações conduzem a uma rutura total das fronteiras da cidade.

Redes conjuntas

As próprias redes são objeto de metáforas. O corpo humano tem sistemas nervosos que transmitem mensagens como linhas telefónicas. As ruas são como correntes de sangue que distribuem a vida pela cidade. Ou, talvez mais corretamente, o sistema de água da cidade é como uma corrente sanguínea que transporta o fluido vital para todas as partes do corpo da cidade, onde é utilizado para purificação, e depois, poluída com os resíduos do corpo, a água flui de volta através de outro sistema para ser tratada numa estação de tratamento de esgotos, tal como o sangue é purificado no fígado. Por fim, os resíduos são eliminados. Muitas vezes, os resíduos, tal como o corpo, são eliminados perto das instalações recreativas mais populares.

Muitas das redes urbanas estão enterradas no subsolo. Quando estão enterradas, podem ser criados mapas com pontos de referência que indicam a sua localização. Quando as estradas são alargadas, estes pontos de referência podem desaparecer e ninguém sabe onde estão as redes enterradas. A expansão urbana, o desgaste, os acidentes e os programas de investimento sectoriais determinam a necessidade de relocalizar e ampliar as redes. As necessidades de cada sector são diferentes e evolutivas, o que conduz inevitavelmente a conflitos e anomalias. Acontece regularmente que, depois de renovadas, as estradas são novamente escavadas para a colocação de água, cabo ou gás. Assim que a televisão por cabo é instalada, as estradas são novamente escavadas para reorganizar o sistema de drenagem. Mesmo com uma excelente coordenação, haverá sempre actividades desarticuladas. Mas há formas de organizar as redes e simplificar o trabalho.

Deve ser regulamentado onde e quando as estradas e os passeios são escavados para os serviços. Os esgotos e a drenagem devem ser prioritários, uma vez que estão sujeitos à gravidade. O espaço da rua pode ser dividido em zonas, uma para esgotos e outra para drenagem, uma para abastecimento de água, uma para abastecimento de gás, uma para telefone, uma para TV por cabo. As regras podem ser a base para determinar a localização de um serviço a partir do alinhamento de outro.

Podem também ser elaboradas regras para a abertura de estradas, especificando a forma como os trabalhos podem ser efectuados rapidamente e com o mínimo de perturbações possível, e exigindo a cooperação total de todos os departamentos, do município e do público.

Capítulo 3
A cidade como sede do poder

A maior parte das cidades antigas eram as sedes do poder das dinastias reais. Se uma região tivesse uma capacidade de produção excedentária e o seu governante tivesse poder suficiente para cobrar impostos, podia dispor de um exército para defender e alargar a sua influência, de uma corte para o apoiar e manter e de sábios para manter registos. O rei, o seu exército e a sua corte precisavam de ser alojados e alimentados. Os artesãos vieram para os construir e para fazer roupas para o povo e armas para o exército. Foram construídos mercados e estradas para recolher e distribuir bens e pessoas. E assim se construiu uma cidade

As diferentes pessoas da cidade tinham diferentes níveis de poder, consoante a sua relação com o rei, as suas capacidades e as suas posses. Os membros da corte tinham poder através dos favores que podiam oferecer ao rei. Os artesãos também tinham liberdade para exercer o seu ofício, desde que fossem úteis aos governantes. Os comerciantes tinham liberdade de comércio, desde que pagassem os seus impostos e taxas. Os proprietários de terras que podiam pagar os impostos e fornecer alimentos à cidade e ao exército eram geralmente livres de se manterem leais ao rei. Outros membros da comunidade, porém, eram servos, escravos na cidade ou servos que trabalhavam nas terras pertencentes ou apropriadas pelos proprietários.

A cidade conseguiu acumular riqueza. Como lugar de riqueza e protetora de um reino produtivo, a cidade tornou-se concorrente de outras cidades e bases militares. A cidade tornou-se um alvo e teve de ser construída para se defender. Assim nasceram as gloriosas cidades-castelo de Inglaterra e do Japão, as cidades-fortaleza da América e da Índia e as cidades muradas da Europa e da Ásia, todas construídas para se defenderem da tecnologia de guerra dos seus inimigos.

3.1 Cidade eléctrica

O poder exerceu-se na cidade, criou estruturas de grupo e de classe e definiu relações na cidade e na área em redor da cidade que estava diretamente sob a sua influência.

E o poder da cidade estendia-se para além do seu reino de três formas. O poder militar podia chegar até onde os exércitos pudessem viajar e ganhar a batalha. E o poder económico podia ser exercido até onde os seus bens podiam ser vendidos e até onde tinha de ir para comprar os bens que queria. O poder militar e o poder económico estavam naturalmente ligados. Porquê comprar quando se pode pilhar? Como é que se pode vender a um inimigo? Que melhor forma de encontrar a paz e exercer o controlo do que através de tratados? O exército fornecia proteção e coerção ao mercado, mas o comércio criava lealdade.

Os seres humanos também criaram, por inerência, relações sociais baseadas no estatuto e no papel. As pessoas que atingiam um estatuto mais elevado e as pessoas cujo papel conduzia a um maior endividamento ganhavam poder social.

O poder social, o poder militar e o poder económico influenciaram todas as facetas da forma urbana e da governação. Estes tipos de poder ainda funcionam atualmente, mas já não da mesma forma feudal, uma vez que a sociedade, a cultura e a tecnologia mudaram.

A sociedade moderna acredita firmemente na igualdade para todos, com direitos iguais perante a lei. Acreditamos na democracia (nas suas várias formas) e na ideia de que todos os cidadãos têm uma palavra a dizer na governação da nação e da cidade. Acreditamos também que o líder tem o dever de servir aqueles que lhe dão a sua autoridade e que o seu dever vem antes da sua autoridade.

Estes conceitos conduzem à complexidade do poder moderno. A cidade antiga era uma sede de poder hierárquico, desde a autoridade única no topo até aos escravos e servos na base. Atualmente, o poder depende de acordos, de dinheiro, de propriedade, de conhecimentos e competências, até mesmo de vestuário. O poder social é agora mais fluido, move-se com base em acordos, negociações e transferências, quando os acordos, o dinheiro e a propriedade mudam de mãos e quando o conhecimento e as competências são adquiridos mais livremente.

As sociedades que não reconhecem a transformação moderna do poder, as sociedades que tentam impor uma estrutura de poder rígida, descobrem que isso só conduz a problemas crescentes. Na Rússia, os problemas que levaram à queda do Estado comunista não eram apenas problemas de pessoas que exigiam mais liberdade. A estrutura de poder ignorou a complexidade do poder na sociedade russa, que foi influenciada em parte pelos efeitos das tecnologias poluentes que começaram a destruir as próprias cidades e comunidades que a Rússia estava a tentar construir, e o poder do conhecimento das próprias pessoas necessárias para manter e fazer avançar a estrutura comunista.

Atualmente, a cidade é o ponto central de um poder multifacetado. O poder político, o poder económico, o poder físico, o poder do trabalho, o poder elétrico, todos funcionam em simultâneo, com fluxos e refluxos, por vezes tempestuosos, por vezes cooperativos, mas nunca simplesmente hierárquicos, como antigamente.

Atualmente, muitos dirigentes e administradores de cidades lamentam a sua falta de poder e a sua incapacidade de realizar as reformas e os planos de desenvolvimento que tinham em mente. Os pais da cidade de Hamelin não conseguiram lidar com o poder dos ratos que infestavam tudo na sua cidade, e depois ficaram impotentes perante o poder do Flautista de Hamelin, que podia livrar a cidade dos ratos e das crianças. A história do Flautista de Hamelin é uma lição simples que mostra como os líderes e as comunidades reagem quando os que estão no poder são, de facto, impotentes. Ser nomeado líder da cidade já não é suficiente para ser eficaz. Para serem eficazes, os líderes têm de conhecer as estruturas de poder das suas cidades e desenvolver as suas capacidades para ganhar poder.

Embora os líderes da cidade tenham menos poder do que responsabilidade, muitos outros na cidade não se apercebem de quanto poder têm e utilizam. Os banqueiros que financiam o desenvolvimento, os poluidores que poluem os rios e até mesmo os carteiros que entregam o correio com atraso podem provocar mudanças na cidade muito para além da sua compreensão da influência das suas acções. Um exemplo que vemos todos os dias em muitas cidades é a impotência da polícia e dos semáforos para controlar o trânsito, e o poder de alguns que desafiam as ordens da polícia de trânsito ou dos semáforos para causar o caos.

A defesa mudou, sobretudo devido ao progresso tecnológico. Em tempos de combates renhidos, o interior das cidades podia ser facilmente dominado pelo exército da cidade até que outro exército mais forte se aproximasse. A cidade era uma cidadela que protegia o exército e o rei dos ataques inimigos.

A mudança começou com o canhão. No início da revolução industrial, uma muralha de cidade tinha poucas vantagens e, na Segunda Guerra Mundial, já era um risco militar se as cidades tivessem alvos militares no seu interior. As guerras modernas no Médio Oriente mostram que a tecnologia de bombardeamento mais precisa pode destruir cidades antes de destruir o poder militar.

A guerra moderna já não é uma guerra entre cidades. É, antes, uma guerra entre ideologias, entre nações ou no seio de comunidades. Em ambos os casos, a defesa da cidade deixou de ser a questão central. Quer se trate de uma guerra entre comunidades ou entre nações, os inimigos sacrificaram cidades para atingir objectivos militares. Hiroshima foi obliterada em 1945 na procura da paz com os japoneses. No Médio Oriente, cidade após cidade foi destruída por inimigos e amigos. Atualmente, qualquer forma de guerra, mesmo de defesa, é incompatível com a vida urbana.

Tal como a tecnologia alterou o poder militar, também alterou o poder económico. Nas cidades da Antiguidade, a maioria das mercadorias só podia ser vendida num mercado, o mercado que ficava a uma carruagem de distância da corte. Só os produtos valiosos eram transportados para longe, como o sal, as especiarias, a seda, as pedras e os metais preciosos.

Atualmente, o poder da cidade sobre o seu interior mudou radicalmente. O interior é agora definido pelo local onde as pessoas se deslocam em grandes movimentos migratórios para as suas férias anuais e onde os produtos são comprados e vendidos. A tecnologia moderna permite a concorrência internacional para bens tão sensíveis como o camarão e as flores. Os mercados das cidades vendem produtos de todo o lado, fruta e carne de todo o mundo. O poder económico e a tecnologia continuam a estar baseados nas cidades, mas a definição de hinterland mudou tanto que se tornou quase insignificante. As zonas interiores sobrepõem-se e estendem-se para além das fronteiras nacionais, e produtos diferentes têm zonas interiores diferentes. A extensão do poder da cidade já não está claramente definida, mas sim esbatida, ambígua e sobreposta a muitas outras cidades.

O poder da cidade sobre o campo está a alastrar de forma crescente. Se antes o poder era exercido por exércitos em estradas e caminhos de terra, hoje é exercido por auto-estradas, aeroportos, publicidade, educação, embalagens, instalações frigoríficas e, infelizmente, poluição, como sabem aqueles que vivem perto de auto-estradas e rios próximos das cidades. O poder é mesmo exercido através da escolha. Enquanto antigamente as pessoas eram limitadas na quantidade de roupa que possuíam, na escolha dos alimentos que comiam e na escolha dos sítios para onde viajavam, a cidade trouxe a riqueza para escolher e também a escolha das coisas para escolher. As escolhas são inevitavelmente urbanas e as actividades puramente rurais são cada vez mais raras.

E à medida que a cidade estende o seu poder cada vez mais para o campo circundante, os limites da cidade esbatem-se e o poder dispersa-se e pode dissolver-se. Já não é o exército do rei e as auto-estradas do rei que se estendem para além das muralhas da cidade do rei. São muitos autocarros, camiões e telefones diferentes, pertencentes a muitas empresas e indivíduos diferentes, que trazem produtos e notícias de muitas cidades e fábricas diferentes através dos subúrbios e das fitas de povoações para cidades que quase não se distinguem umas das outras.

3.2 Os administradores municipais como pessoas poderosas

Os reis, príncipes e sultões eram pessoas poderosas que normalmente fundavam dinastias para transmitir o poder ao filho mais velho após a morte do pai. Entre eles, as pessoas poderosas ganhavam poder através de processos políticos para prestar serviços e benefícios ao público em troca da sua lealdade para com os líderes. Estes "grandes homens" ou *tuan besar sabiam como jogar* os jogos políticos da sua cultura para ganhar influência, popularidade e altos cargos.

Então, como é que se ganha poder? Esta questão tem ocupado os estudantes de ciência política e muitos autores e pode ser resumida nas quatro categorias seguintes:

Regras e regulamentos

Os governos promulgam regras e criam posições formais em que o titular recebe *autoridade formal para fazer* certas coisas. Esta autoridade formal é apoiada pela lei e por todos os membros da sociedade que concordam em respeitar a lei.

Cada pessoa tem uma certa autoridade ou direito formal. No local de trabalho, os supervisores e os gestores têm mais autoridade formal do que os trabalhadores, de modo a que os mais poderosos, o presidente, o diretor e o conselho de administração da empresa, possam fazer o seu trabalho. Na administração municipal e no governo, são atribuídos poderes diferentes a pessoas diferentes. Os governos locais podem fazer regulamentos locais e os governos nacionais podem fazer leis. Os parlamentos, os ministros, os governadores, os juízes, os chefes, os pais, os professores, os polícias - todos têm alguma autoridade formal sobre os outros. Estes poderes são conferidos num processo regulado pelo Estado, tendo cada um deles um certo limite de poder para estabelecer novas regras e esperar que os outros sigam as regras que eles próprios estabelecem.

Existe uma autoridade formal para *fazer cumprir* as *regras*. Nas democracias, existe uma separação entre os que estabelecem as regras, os que as policiam, os que fazem julgamentos e os que os aplicam. O governo estabelece as regras, a polícia tem poderes para perseguir os que não cumprem as regras, os tribunais têm poderes para determinar a verdade e punir os infractores e resolver os litígios, e o oficial de justiça executa as sentenças. Cada um deles está investido de poderes específicos para ser eficaz.

Mesmo os fracos têm a capacidade de apelar a *uma autoridade superior*. As crianças aprendem desde cedo a apelar para a autoridade dos pais. Em criança, quando me sentia tentado a fazer alguma asneira, o facto de uma irmã mais nova me dizer: "Vou denunciar-te" tinha para mim o mesmo efeito que a presença do meu pai. Um funcionário subalterno que assina uma carta com o carimbo do presidente da câmara de uma cidade está a exercer o seu poder de referência. Tanto na administração como nos tribunais, é possível recorrer a um nível superior se não se ficar satisfeito com a resposta de um nível inferior.

A Internet mudou radicalmente a voz das pessoas mais pequenas. Através do Facebook, Twitter e similares, pessoas de todo o mundo podem juntar-se por uma causa comum e derrubar nações. E a Internet está agora repleta de trabalhos académicos sobre o poder das redes sociais.

Desta forma, mesmo os menos poderosos podem exercer um certo poder ao exprimir uma opinião divergente apoiada por informações ou argumentos significativos. As cartas ao editor dos jornais são uma fonte tradicional de poder que, por vezes, provoca reacções surpreendentes. Nos comícios, centenas ou mesmo milhares de pessoas juntam-se para expressar uma opinião comum. Mas os blogues também podem tornar-se virais e ser vistos por milhões de pessoas num instante, se o título for suficientemente atrativo.

O poder pode ser obtido não só respeitando as regras e seguindo o sistema, mas também contornando as regras e *manipulando o sistema*. Muitos empresários ganharam poder ao serem capazes de utilizar as regras para os seus próprios fins. Tradicionalmente, os trabalhadores ganharam o seu poder ao recusarem-se a trabalhar mais do que as regras especificam. Muitos líderes asseguram a sua posição manipulando a posição de pessoas na organização que poderiam representar uma ameaça para eles.

O poder pode muitas vezes ser alcançado desafiando as *regras*. Robin dos Bosques foi, sem dúvida, um homem poderoso na Inglaterra do seu tempo porque desafiou regras consideradas impopulares. A oposição pode ser ilegal, ao infringir a lei, ou legal, ao defender a mudança. A oposição pode procurar derrubar a estrutura de poder existente ou pode procurar mudar legitimamente o sistema a partir do seu interior. A existência de uma oposição é considerada importante nas democracias ocidentais, mas uma oposição formal não é a única forma de discutir questões. No seio dos partidos de ambos os lados da política, o governo e a oposição, existe um processo de lidar com pontos de vista opostos e de criar consensos para resolver as diferenças.

A construção de consensos pode ser um processo de negociação política, mas também pode ser um processo intelectual em que o poder da informação e da racionalização é utilizado para discutir questões e ganhar poder através de coligações.

Ganha-se poder quando dois grupos diferentes chegam a acordo sobre as regras de trabalho conjunto. Um empreiteiro não pode trabalhar sem um contrato. Um proprietário de um imóvel não pode construir sem um empreiteiro. O contrato é um acordo entre duas partes para trabalharem no âmbito de um conjunto de regras que estabelecem para si próprias e que permitem a ambas as partes atingir os seus objectivos. As organizações sociais acordam conjuntamente planos destinados a aumentar a sua influência. Os planos de ação são acordos dentro das organizações que fortalecem os membros e a organização como um todo.

E o poder ganha-se com a *arbitragem*. Na vida quotidiana, há sempre conflitos, sempre interpretações diferentes das regras e do direito. Nesses casos, as partes em litígio podem recorrer a alguém em quem ambas as partes confiam para chegar a um acordo adequado, um conselheiro sábio cuja decisão é suficientemente forte para pôr fim ao litígio e vincular ambas as partes.

Escassez e generosidade

O poder é obtido quando se tem controlo sobre recursos escassos. Ao nível mais básico, temos poder quando temos um *recurso para vender,* e o poder está diretamente relacionado com o valor desse recurso, o poder de receber o pagamento de um comprador. O dinheiro é um bem poderoso porque pode ser utilizado para comprar muitos tipos diferentes de recursos. Pode ser utilizado para comprar alimentos e bens. Pode ser utilizado para comprar competências, conhecimentos, favores, promessas, ameaças, lealdade e subserviência.

O poder também pode ser obtido através do *controlo dos mercados*. Podemos controlar a localização dos mercados, os produtos que podem ser vendidos nos mercados, a organização dos mercados, as condições de venda, os impostos sobre as vendas e os impostos sobre os locais de compra. Os mercados também podem ser controlados através do *controlo do acesso ao mercado*. As quotas e as restrições de transporte são exemplos desse tipo de controlo. O controlo também pode ser exercido no local de produção. Ao *controlar a produção,* o poder é exercido sobre o que pode ser vendido nos mercados, ou sobre o preço económico a que pode ser vendido, impondo restrições à forma de um produto ou ao modo como é produzido.

O poder também pode ser exercido influenciando *a procura* de produtos. A influência positiva é exercida através da publicidade e a influência negativa através de relatórios sobre possíveis efeitos negativos. *A informação* influencia as decisões de mercado:

Conhecimento dos produtos, conhecimento das alternativas, conhecimento da situação dos mercados e dos preços relativos. *As ideias influenciam* os mercados ainda mais do que a informação. As ideias criam imagens daquilo que o mercado acredita ser. Por exemplo, somos levados a associar os cigarros à popularidade e à saúde, as jóias e o chocolate ao amor, a velocidade à conveniência.

O poder pode ser exercido através da *previsão do futuro.* Por exemplo, a previsão inteligente das tendências de consumo pode ajudar os criadores de produtos a conceber produtos de sucesso. Conhecer as condições climatéricas pode ajudar a prever quando plantar e onde comprar os legumes mais frescos. Conhecer os planos dos nossos concorrentes pode ajudar-nos a prepararmo-nos para a concorrência futura.

O poder pode ser exercido através da *dívida.* O poder dos bancos não reside na sua riqueza, mas na medida em que os cidadãos devem o seu dinheiro. [5]O poder do *Cukong* é a medida em que ele ajudou o líder a chegar ao poder.

Aprendemos também o poder da *generosidade.*

O Senhor ama quem dá com alegria.

As empresas estão empenhadas na responsabilidade social das empresas (RSE) porque sabem como é importante dar um contributo generoso e responsável para a sociedade.

Competências pessoais

A qualidade mais conhecida pelo poder de uma pessoa é o *carisma.* Em tempos de agitação ou de mudanças dramáticas, as pessoas procuram um líder que as possa inspirar. É assim que líderes como Sukarno e Washington conseguem conduzir as suas nações à nacionalidade. Churchill pode levar os Aliados à vitória sobre os nazis. Mas os líderes carismáticos também atraem pessoas ingénuas. Hitler, Idi Amin e Bin Laden também lideraram através do carisma. O carisma, por si só, não é uma qualidade desejável num líder.

O medo obriga as pessoas a segui-lo. Em muitos países liderados por tiranos, as pessoas seguem-nos por medo. Esta forma feia de poder não deve ser favorecida pelo líder de um governo municipal, porque o medo também gera resistência e rebelião, e a própria rebelião é contra os interesses da cidade. O respeito e a deferência são formas de poder muito mais adequadas.

Muitas *competências* conferem poder às pessoas. Um negociador hábil e um vendedor hábil têm o poder de influenciar as decisões dos outros. Um ator ou realizador de cinema habilidoso pode levar uma audiência às lágrimas ou fazê-la rir. Cada uma destas competências requer talento pessoal e formação. Algumas das competências de liderança mais valorizadas são a *previsão, a capacidade de lidar com a incerteza e a assunção de riscos.* Aqueles que conseguem sentir o que resultará da inação e que conseguem convencer os seus pares do que deve ser feito assumirão a liderança. Aqueles que conseguem manter a cabeça fria mesmo em situações difíceis também serão seguidos.

Aqueles que conhecem as pessoas certas também têm poder. Os bons líderes desenvolvem lealdades e redes de amigos que podem reforçar o seu poder.

No entanto, a competência mais importante para se tornar e manter um líder é a

---

O termo *cukong* vem do chinês *zhugong*, que significa chefe de uma empresa, mas durante a Nova Ordem de Soeharto, na Indonésia, passou a significar um homem de negócios que financiava os esforços de um líder político para ganhar ou expandir o poder, em troca de um tratamento preferencial para a sua empresa, claro.

confiança. Todos os líderes de sucesso têm de assumir compromissos e prometer resultados em que os seus seguidores possam confiar. Se não forem dignos de confiança, os seguidores procurarão outro líder em quem possam confiar para lhes dar o que precisam.

Imagens culturais do poder

Independentemente do poder de um líder, ele veste-se e comporta-se de acordo com o seu papel. Nas lendas de muitos países, há a história de um príncipe que se disfarça de mendigo para aprender como vivem os seus súbditos e que não é descoberto por estes devido ao seu vestuário e comportamento. O seu comportamento não conduziu a uma perda de poder quando regressou ao papel aceite de líder.

Muitas das noções culturais de poder são comportamentais e, se se adotar o comportamento correto, pode-se dar a impressão de ser um líder. Em Java, existe a linguagem do líder e a linguagem do liderado. Um uniforme ou um fato de safari simples é um símbolo de poder em muitos países, tal como o fato e a gravata noutros países. Em todos os países há questões de protocolo, a forma de cumprimentar, a forma de se dirigir, a forma de andar, de comer, de falar, de pôr e tirar os óculos, a forma de mostrar se se é líder ou seguidor.

Resumo

Todas estas características encontram-se, em graus variáveis, em todas as pessoas. Alguns desenvolvem as suas capacidades e adoptam as ideias certas sobre o poder. Alguns escrevem as regras ou fazem-nas cumprir, outros resistem-lhes. Cada membro da sociedade representa um vetor das forças de poder em jogo na cidade e contribui para a fluidez do poder.

E os gestores municipais, que devem estar entre as pessoas mais poderosas da sua cidade, devem ser mestres e promotores do seu próprio poder e ter uma compreensão do poder dos outros.

3.3 Ideias poderosas

Embora seja importante ter poder para alcançar resultados, e embora seja importante compreender o poder para uma gestão urbana bem sucedida, o nosso desejo de poder não deriva do nosso desejo de alcançar o que quer que seja. A busca do poder é uma caraterística humana básica, um impulso fundamental. Demasiadas vezes, aqueles que estão mais preocupados com o poder parecem menos interessados em ideais mais elevados. O que é que os maiores pensadores dizem sobre o poder?

Também aqui, as palavras de Jesus devem ser citadas:

> Quem quiser ser grande entre vós tem de ser vosso servo, e quem quiser ser o primeiro tem de ser escravo de todos. Pois também o Filho do Homem não veio para ser servido, mas para servir e dar a sua vida em resgate de muitos.

A lição simples é servir para ter poder. O poder em si mesmo está corrompido nas mãos do homem, e só nas mãos de Deus é que não está corrompido. A causa da corrupção no homem é o facto de nos iludirmos pensando que temos realmente poder. Nenhum de nós tem realmente poder. O poder está nas ideias, nos conceitos e nas concepções erradas, nas crenças e nos enganos. As ideias são o poder.

Temos tendência a pensar no carisma e na auto-confiança como um sinal de qualidade de liderança, mas na maioria dos casos isso tem um impacto negativo na liderança, uma vez que substitui a inspiração para seguir por subserviência ou ganância geral. Os melhores líderes são geralmente humildes.

Os gestores municipais precisam de compreender a estrutura e a dinâmica do poder na cidade, mas não precisam de estar demasiado preocupados com a obtenção de poder. As suas ideias para as suas cidades e o seu desejo de servir são suficientes.

Capítulo 4
A cidade como um organismo

[th]Na Inglaterra do século XIX, quando a revolução industrial estava a infligir os piores danos ambientais às cidades conhecidas na altura, alguns urbanistas defendiam um planeamento urbano que ajudasse a resolver os problemas da exploração desenfreada dos trabalhadores das fábricas para fazer funcionar a maquinaria e da exploração desenfreada da miséria das habitações insalubres das fábricas. Exigiam ar puro e água potável e uma separação das utilizações do solo, de modo a que as habitações estivessem livres dos resíduos das fábricas. Exigiram um limite para o comprimento das casas em banda. Elogiavam a irregularidade das linhas das cidades medievais. Procuraram controlar a conversão de terrenos rurais em terrenos urbanos e introduziram o ordenamento do território. Chamaram ao seu planeamento "orgânico".

O planeamento orgânico é caracterizado por parques urbanos, um desenho de ruas variado que segue os contornos e responde à topologia. Talvez o auge do estilo orgânico seja o projeto de Walter Burley Griffin para Camberra, um projeto que se assemelha notavelmente a uma ameba em planta e no qual é tão fácil perder-se como numa selva tropical.

A arquitetura orgânica incluía o simbolismo da terra em baixo, o céu em cima e o reino humano no meio. Esta é a filosofia da arquitetura Tribumi, que é uma tradição em grande parte da Ásia e foi introduzida na arquitetura moderna por Frank Lloyd Wright, dos EUA. Os edifícios de Wright assentavam num pódio que representava a terra, com um telhado dominante que representava o céu. No meio ficavam as áreas habitáveis. A arquitetura orgânica aceitava a utilização de materiais modernos, mas apreciava a decoração e os materiais naturais, que eram rejeitados pelos modernistas.

O planeamento orgânico, enquanto estilo, opunha-se à visão mecanicista do planeamento e da arquitetura. Não se baseava, de facto, numa compreensão científica dos organismos. Era uma visão estática do orgânico. Tentava fazer com que as cidades e os edifícios parecessem ter crescido, mas não tinha em conta que as cidades e os edifícios crescem, transformam-se, reproduzem-se e acabam por morrer por si próprios, como seria o caso se fossem verdadeiramente orgânicos.

4.1 Cidade dos animais

Por vezes, a cidade foi comparada a um organismo particular. Segundo Lewis Mumford, um grupo japonês desenvolveu o projeto de uma cidade em forma de bolha, a "supercomunidade do século XXIV". Século". Parecia uma alforreca encalhada numa praia. As pessoas moviam-se neste organismo mais como células sanguíneas do que como seres humanos. Nele, as pessoas mudariam a sua natureza e tornar-se-iam "cheias de calorosa solidariedade e harmonia". Amontoados e isolados da natureza exterior, teriam de ser bem-humorados!

A cidade foi descrita como uma teia de aranha. A rede de ruas pode parecer uma teia, e muitos migrantes que vêm para a cidade ficam enredados nela, à espera de serem comidos pela cidade. Começámos este ensaio descrevendo a cidade como um polvo cujos tentáculos se estendem pela paisagem. Cada descrição da cidade como um organismo serve um objetivo muito limitado, geralmente para denunciar alguma fraqueza ou falta de civismo na cidade.

A cidade foi descrita como uma árvore. As raízes estendem-se até à paisagem circundante para fornecer nutrientes à vida da cidade. O tronco corresponde à zona central de negócios e os ramos à rede de transportes locais que a liga a todas as casas da cidade, cada uma como uma folha da árvore. Os urbanistas utilizam esta metáfora para conceber conjuntos de casas em bairros que ligam os bairros aos centros locais, os centros locais aos centros regionais e os centros regionais ao centro da cidade. Ao nível adequado, os planeadores fornecem lojas, escolas, instalações comunitárias, escritórios e instalações industriais.

A cidade não é uma árvore, como disse uma vez Christopher Alexander quando defendeu que a cidade é uma "meia rede". Uma folha pertence a um galho pendurado num ramo. A maior parte das casas fica numa só rua, mas a maioria das ruas dá para a cidade em mais do que uma direção. As pessoas podem escolher onde querem fazer compras e como chegar às suas lojas. Podem escolher onde querem trabalhar e como lá chegar. Ao contrário da seiva de uma árvore, há muitas maneiras de ir de uma parte para outra. A metáfora da árvore não é adequada para o projetista da cidade.

4.2 Cidade ecológica

O planeamento orgânico precedeu a ciência moderna da ecologia e da teoria dos sistemas. Se a ecologia tivesse existido um século antes, a cidade não teria sido "orgânica" mas sim "ecológica". A teoria dos sistemas surgiu pela primeira vez durante a Segunda Guerra Mundial, quando os cientistas estavam a tentar desenvolver armas inteligentes. Rapidamente foi aplicada às ciências naturais, uma vez que os conceitos da teoria dos sistemas ajudaram a alargar a nossa compreensão da complexidade da natureza. Podemos aprender muito sobre a cidade se a considerarmos como um ecossistema.

Quando o asfalto e o betão substituem a vida vegetal, o comportamento da natureza também se altera. Quando a chuva cai sobre superfícies duras e corre para o sistema de esgotos, a água não consegue infiltrar-se no solo e a qualidade das águas subterrâneas altera-se, afectando os nutrientes que chegam às raízes das árvores. Os resíduos industriais e humanos também alteram os nutrientes e introduzem toxinas no ambiente. As telhas coloridas e os telhados metálicos reflectem o calor do sol e aumentam a temperatura, ao passo que as plantas costumavam absorvê-lo e proporcionar arrefecimento. Os poluentes atmosféricos afectam o ar que as plantas e os animais, incluindo os seres humanos, respiram para sobreviver. Algumas plantas e animais lutam para sobreviver na cidade, outros são alimentados pelos habitantes humanos e outros ainda prosperam apesar de não serem bem-vindos. Estas plantas e animais são diferentes dos que aí viviam originalmente. As borboletas e as rãs desaparecem, os cães são mimados, enquanto as pulgas e as moscas, os ratos e as baratas se tornam galopantes. As árvores de fruto e os arrozais já não são cuidados porque o estilo de vida urbano favorece os vasos de plantas e as buganvílias, e certas ervas daninhas crescem em cada fenda do pavimento.

À medida que a densidade de construção aumenta, o ambiente torna-se cada vez mais inóspito, até que a cidade se torna tão inóspita que chega a ser mortal para alguns dos seus habitantes. Os planeadores ecológicos do século passado reconheceram a morbidez do betão e do tijolo e sabiam, por experiência prática, a importância do ar fresco e da vida vegetal, das áreas de lazer, da água potável e de uma drenagem adequada.

Atualmente, compreendemos melhor os princípios da ecologia. Devemos reconhecer os limites do ambiente urbano. Não devemos permitir que o nosso instinto natural de construir se sobreponha à nossa obrigação de cuidar do nosso planeta. Não devemos construir até que todas as espécies amigáveis fujam e apenas as pragas resistentes prosperem. O nosso instinto de construção não conseguirá criar o ambiente necessário para uma boa saúde, a não ser que passemos para um nível de comportamento mais elevado e utilizemos o nosso intelecto e as nossas capacidades de planeamento para trabalhar com a natureza e criar um equilíbrio que combine uma densidade urbana adequada com um ambiente vibrante e saudável.

O sucesso de um ecossistema depende da forma como os organismos são capazes de se reproduzir. Cada espécie tem o seu próprio padrão de maturação, reprodução e morte. Nos ecossistemas maduros, as espécies estão numa relação estável e simbiótica entre si, com cada espécie a apoiar o ciclo de vida da outra. A vida de cada espécie continua após a morte dos seus membros. O chão da floresta está coberto de folhas caídas, árvores caídas e carcaças de animais. Os resíduos da natureza poderiam destruir o ecossistema, mas a natureza fornece um exército de animais que comem esses resíduos para produzir nutrientes para um maior crescimento.

Os ecossistemas maduros têm geralmente um elevado nível de biodiversidade, o que reforça as relações simbióticas e ajuda o ecossistema a proteger-se contra ataques externos. Os ecossistemas maduros geram diversidade através da evolução. Quando são introduzidos novos organismos através de mutação ou migração, estes morrem ou reproduzem-se. Os que são capazes de se reproduzir sobrevivem e criam mais uma etapa no processo evolutivo do seu ambiente. É claro que a maioria dos organismos solitários não pode sobreviver porque não se pode reproduzir. Os membros da maioria das espécies crescem juntos. Quando vemos uma planta de uma espécie, é muito provável que encontremos outras da mesma espécie nas proximidades. A natureza prefere trabalhar em paralelo, com uma bateria de organismos da mesma espécie lado a lado, e não como nas fábricas, onde as máquinas trabalham em série e máquinas diferentes fazem coisas diferentes.

Na agricultura e nas zonas urbanas, os seres humanos limitam deliberadamente a diversidade natural e impedem o ecossistema de atingir a maturidade através da colheita e da poda constantes. As espécies seleccionadas são dependentes do homem e desenvolvem poucas relações simbióticas, para além da relação simbiótica com o homem. O sistema é ameaçado por todos os tipos de ataques, por pragas, pelo clima e pela decisão do homem de mudar para outra cultura ou outra planta ornamental no jardim, consoante o preço de mercado ou a moda.

Quanto maior for a densidade da cidade, menor será a diversidade de espécies e de nutrientes para a vida. A escassez de vida, a falta de espaço para o crescimento e os hábitos dos habitantes reduzem a capacidade do ecossistema urbano de atingir a sua plena maturidade e a sua capacidade de resistir a ataques externos. Depende da intervenção humana para se manter vivo, através da rega, da alimentação, da monda e da plantação, em vez da reprodução natural.

A densidade não é, portanto, a única variável para a dureza do ambiente. Quanto mais agreste for o ambiente, maior será a dependência da intervenção humana para sobreviver. A crescente consciencialização do homem para a ecologia urbana transformou recentemente muitas cidades em todo o mundo, intervindo na natureza de várias formas para lhe permitir prosperar em zonas urbanas de alta densidade.

Plantação. A plantação de ruas em Singapura é agora uma atração turística. Esta cidade tropical é refrescada por uma densa vegetação rasteira sob árvores de grande porte ao longo das suas principais vias. Os passeios estreitos de Surabaya têm por vezes a forma de arcadas de buganvílias, proporcionando sombra e purificando o ar nas zonas residenciais mais densas. Em alguns bairros de lata de Bekasi, são cultivadas grandes quantidades de legumes nos becos e nos telhados. Em Sydney, a replantação da cidade com árvores nativas floridas trouxe a mais bela avifauna a todos os quintais: roselas, lorikeets arco-íris, cacatuas de crista de enxofre.

Sistemas de transportes mais densos. Ruas mais movimentadas, transportes públicos e percursos pedonais tornam as cidades mais compactas e deixam mais espaço para espaços abertos.

Utilização mais eficiente dos recursos. Muitos dos recursos mais importantes da cidade podem ser utilizados de forma mais eficiente. Todos os esforços para reduzir a procura de energia reduzem a acumulação de calor nas cidades. Os esforços para aproveitar o poder do sol podem tornar as cidades mais verdes, mais sombrias e mais saudáveis. Os esforços para uma melhor utilização da água podem reduzir os dispendiosos investimentos em infra-estruturas e tornar as cidades mais verdes.

4.3 Teoria e prática dos sistemas

O ecossistema físico da cidade é apenas um aspeto da cidade. Para compreender a cidade como um sistema completo, precisamos primeiro de compreender alguns conceitos básicos de sistemas. É altura de um pouco de teoria:

Sistemas

O mundo pode ser visto como uma série de sistemas que se encontram uns ao lado dos outros, se sobrepõem e se interligam. Tudo o que vemos no mundo pode ser visto como um sistema dentro de um ambiente. O ambiente pode ser visto como outro sistema, e cada parte de um sistema pode ser vista como um subsistema.

A teoria dos sistemas trata das relações de cada sistema com o seu ambiente, das relações entre os subsistemas e das suas relações com o sistema global. Trata das forças que actuam sobre o sistema e das forças que são transferidas para as partes individuais. As forças que vêm do exterior são designadas por inputs. Fazem com que partes do sistema reajam ou se alterem, o que leva à produção de resultados que actuam sobre o ambiente, e o ambiente reage a esses resultados. Parte da reação do ambiente regressa ao sistema, o que é designado por feedback.

Sistemas abertos e fechados

Um motor de combustão interna é um sistema. Ao exercer forças sobre partes do motor (acionar interruptores, carregar em pedais), fornecemos-lhe ar, combustível e eletricidade de forma a que partes do motor sejam convertidas em movimento. A principal saída do motor é uma força que faz girar um veio de transmissão. As saídas secundárias são o calor, os gases de escape e o ruído. O ambiente imediato do motor é o resto do veículo e o seu conteúdo. As rodas do veículo respondem à rotação do veio rodando também, e o veículo responde à rotação das rodas movendo-se para a frente (ou para trás). O condutor faz parte do ambiente. Ele relaciona as reacções do motor e do automóvel e adapta as entradas ao motor para obter o resultado desejado. Comparado com a natureza ou a cidade, o automóvel é um sistema mecânico simples. Sem a presença do condutor, o carro continuaria a andar até ser impedido de continuar a viajar (por exemplo, por um autocarro), até o combustível se esgotar ou até que as reacções dos serviços secundários, por exemplo, o sobreaquecimento, levassem o motor a parar. Em qualquer dos casos, o sistema pára a dada altura porque não é capaz de continuar a conduzir sozinho sem intervenção externa. Trata-se de um sistema fechado.

Um sistema aberto é um sistema que pode adaptar a sua resposta aos acontecimentos no seu ambiente. É reativo e autorregulador. Sente que precisa de se adaptar e regula os seus inputs para se manter. As plantas e os animais são sistemas abertos enquanto viverem. Será que a cidade é atualmente um sistema aberto? Pode responder à pressão exercida sobre ela?

Relações entre partes de um sistema

As partes de um sistema interagem umas com as outras de muitas formas diferentes. As partes transferem energia, materiais e informação para outras partes. A energia transferida transmite uma força que faz com que outras partes se movam ou sejam estimuladas. Uma forma desta energia entre pessoas é a influência. Os materiais transmitidos são processados, armazenados, absorvidos ou transmitidos. A informação pode ser transmitida através de diferentes tipos de vibrações: Luz, som, ondas de choque, ondas de rádio e uma variedade de outros meios.

A energia, os materiais e a informação absorvidos pelas partes de um sistema podem ser utilizados de diferentes formas, consoante a capacidade das partes para os processar e o valor que estas lhes atribuem. A interação entre as partes é assim criada pela energia ou força, pela produção de materiais e informação e pela capacidade e valores para aceitar energia, materiais e informação.

Uma borboleta, por exemplo, é influenciada pelo vento e utiliza o ar para se deslocar, batendo as asas. Transfere o pólen das flores para o converter em energia e crescimento. O padrão marcante das suas asas transmite informação aos pássaros. O sistema de valores dos pássaros determina se eles consideram a borboleta como alimento ou como inimigo.

Subsistemas

O corpo humano pode ser dividido em partes para análise de várias formas. Os ossos formam um sistema esquelético. Os músculos, as artérias, os nervos e as vísceras são subsistemas separados. Para compreender o corpo, analisamos os subsistemas. Atribuímos partes do corpo a um ou outro subsistema porque trabalham em conjunto, são semelhantes ou estão ligadas entre si. O esqueleto é um subsistema porque é constituído por partes semelhantes que trabalham em conjunto para manter o corpo estruturalmente. O braço é um subsistema de partes que trabalham em conjunto: os ossos com os músculos para o movimento, os músculos com os nervos para o controlo, os músculos com o sangue para a energia.

Na cidade, a estrutura pode ser vista como um subsistema que se refere às partes do sistema que o mantêm unido sob forças externas e o seu próprio peso e ação. As funções podem ser vistas como outro subsistema, constituído por partes que trabalham em conjunto para alcançar um determinado resultado, ou partes que trabalham em paralelo para alcançar resultados semelhantes.

Assim, cada caraterística comum pode ser analisada como um subsistema que se refere às partes que têm um carácter semelhante.

Simbiose

As associações entre partes também podem ser consideradas como subsistemas. As associações mais fascinantes são as simbióticas. Os pequenos pássaros alimentam-se dos parasitas que vivem no dorso do rinoceronte. Pequenos parasitas vivem no estômago humano para ajudar na digestão. As borboletas evoluíram com belos padrões para avisar potenciais inimigos, enquanto os seus inimigos evoluíram para temer esses padrões. Estes são casos de simbiose por seleção natural.

O próprio homem cria simbioses através da sua mente. Cria novas variedades de gado e de culturas que requerem a irrigação e a fertilização que só o homem pode fornecer. Desta forma, o homem é capaz de fornecer a quantidade de alimentos necessária para o crescimento contínuo da população. Os humanos colocam plantas em jardins que são demasiado pequenas para se reproduzirem sozinhas. Sem estas relações simbióticas com os seres humanos, as plantas no ambiente urbano morreriam e a cidade tornar-se-ia deprimente e depois mórbida. Os seres humanos alimentam e cuidam destas plantas, que se desenvolvem sem as aves, os insectos e os fungos que as acompanham na natureza.

Classificação

As partes de um sistema podem pertencer a qualquer número de subsistemas, o que depende inteiramente da forma como olhamos para o sistema. Os subsistemas são essencialmente formas de classificar as partes, a fim de melhor analisar e compreender a sua complexidade. Alguns subsistemas estão claramente definidos. Não há dúvida sobre o que é um osso. Ou seja, a maioria dos ossos. Alguns subsistemas são distintos, mas os limites do subsistema não são claros. O rosto é a parte da frente da cabeça abaixo da linha frontal do cabelo, mas onde começa e acaba o rosto de um homem careca? Alguns sistemas são mais hipotéticos do que cientificamente definidos. Partes dos pés são afectadas por partes da cabeça, e massagistas hábeis podem tratar dores de cabeça massajando os pés. Mesmo que não saibamos exatamente quais são as ligações entre a cabeça e os pés, podemos estudar as causas e os efeitos como se fizessem parte do mesmo subsistema.

Equifinalidade

Quando o ambiente muda, os sistemas abertos podem responder e manter um equilíbrio dinâmico com o ambiente. Cada vez que uma ação é executada, o sistema recebe informações sobre a sua nova relação com o ambiente. Este processo é conhecido como feedback. O feedback positivo incentiva o sistema a repetir ou reforçar o seu comportamento anterior. As gaivotas alimentadas com migalhas de pão clamam por mais. O feedback negativo incentiva a ação correctiva, interrompendo ou invertendo o comportamento anterior. As gaivotas simplesmente voam para longe se não gostarem das migalhas de pão. A capacidade de adaptação à mudança para manter um equilíbrio ou um objetivo chama-se equifinalidade. Um sistema aberto tem muitas opções para atingir um determinado estado e, independentemente do que fizermos, podemos continuar a ter uma escolha no que fazemos até darmos um passo que leve o sistema ao estado desejado, desde que tenhamos o feedback que podemos processar para tomar as nossas decisões.

Os ambientes vivos são diferentes das máquinas rígidas. Têm padrões flexíveis de organização e comportamento que permitem que as partes atinjam os seus objectivos. As próprias partes, enquanto sistemas, têm padrões de organização flexíveis que lhes permitem atingir os seus objectivos.

A equivalência permite que as plantas cresçam lado a lado e partilhem a luz solar. Permite que as borboletas se alimentem do pólen mesmo quando o vento sopra de direcções diferentes. Estas são formas de igualdade baseadas no instinto animal. Os seres humanos podem utilizar a sua inteligência e experiência para aprender as diferentes respostas necessárias para manter a igualdade, controlando e limitando assim as mudanças no seu ambiente.

A equivalência depende de uma propriedade conhecida como diversidade necessária. Um sistema deve ter a capacidade de reconhecer e responder a alterações no ambiente antes de poder ser equivalente. Se um rato não consegue ver a armadilha, vai atacar o isco; não desenvolveu a diversidade de capacidades necessária para lidar com uma armadilha no seu ambiente. A traça, guiada pela lua distante para voar centenas de quilómetros até ao seu local de reprodução, não consegue distinguir a lua da lâmpada próxima e voará em círculos sem se aperceber de que não está a progredir. Um gestor que apenas recebe informações sobre as despesas não pode saber que os produtos que os seus trabalhadores produzem não têm a qualidade desejada; o sistema de controlo deve fornecer a variedade de informações necessária para lhe permitir controlar a qualidade.

Disfunção

Muitas espécies naturais são propensas a comportamentos disfuncionais, como os lemingues que correm para um penhasco num suicídio coletivo. Os parasitas alimentam-se de outras plantas e, muitas vezes, sugam a vida dos seus hospedeiros, acabando por conduzir à sua própria morte. Conta-se a história de um capitão de um navio japonês que colocou uma recompensa por ratos mortos para livrar o seu navio de ratos e, sem surpresa, o número de ratos aumentou à medida que a tripulação os criava para ganhar dinheiro. As cidades também podem apresentar tendências disfuncionais, como veremos de seguida.

4.4 Sistemas urbanos

Com uma compreensão dos conceitos básicos dos sistemas, podemos agora analisar a cidade como um sistema. A cidade existe num ambiente em mudança e reage a essas mudanças. Por isso, pode ser considerada um sistema aberto, mesmo que as suas ruas e edifícios sejam sistemas fechados. Como é que o ambiente de uma cidade muda e como é que a cidade reage a isso? Onde é que a cidade obtém a sua energia, os seus materiais, a sua informação? Como é que os processa e quais são os resultados? Os inputs e outputs são as importações e exportações, a imigração e a emigração, os fluxos financeiros, as mensagens que entram e saem.

A maior parte das cidades já dispõe de uma grande quantidade de informação estatística sobre importações, produção, exportações e migração. Estes números são tão aborrecidos como uma lista telefónica e precisam de ser analisados e interpretados para nos ajudar a compreender a cidade. E, utilizando a nossa compreensão e a teoria dos sistemas, podemos formular hipóteses sobre o modo como a cidade funciona e como podemos responder às mudanças no ambiente urbano e como as nossas respostas podem afetar a cidade.

À escala global, o crescimento demográfico é o maior problema que a política urbana enfrenta. A maioria das cidades responde à pressão populacional crescendo para o ambiente não urbano circundante, o mesmo ambiente de que a cidade depende para obter alimentos, ar fresco e água. A cidade e o seu hinterland imediato podem ser vistos como um sistema simbiótico em que a cidade depende do hinterland e o hinterland depende da cidade. E a cidade pode ser vista como um parasita disfuncional que devora o interior do qual depende para se alimentar.

As partes da cidade podem ser analisadas como subsistemas, e a forma como os subsistemas interagem como um todo pode ser investigada.

Podem ser realizados estudos sobre a estrutura geográfica, as infra-estruturas, a estrutura social, a estrutura económica, cada sector económico, o bairro e a comunidade, o sector privado e o governo. Todos podem ser estudados individual e coletivamente, analisando as relações e as trocas entre eles e o conjunto.

Estão constantemente a surgir novas organizações na cidade; algumas encontram um nicho e sobrevivem, outras florescem durante algum tempo e depois falham. As cidades continuam a amadurecer, o que leva a uma maior diversidade no número de partes.

O número cada vez maior de partes da cidade que podemos analisar tornar-se-á rapidamente esmagador se não utilizarmos os conceitos da teoria dos sistemas para ver a cidade como um todo constituído por todas as suas partes.

A teoria dos sistemas pode ajudar-nos a formular hipóteses sobre a complexidade da nossa cidade e a conceber testes para investigar se as nossas hipóteses estão correctas. A realidade varia de cidade para cidade.

Dinâmica urbana

Quando o ambiente nacional ou internacional vive momentos de turbulência, diferentes partes da cidade reagem de forma diferente e talvez turbulenta. O impacto será dinâmico e complexo, tornando a cidade mais complexa, pelo menos durante algum tempo, à medida que os efeitos das diferentes respostas se repercutem noutros aspectos da cidade. Globalmente, a cidade pode não ser capaz de lidar com as mudanças no ambiente e pode sofrer com isso. Algumas cidades estão mais abertas à mudança e tornam-se lugares excitantes e vibrantes para viver ou visitar. Outras constroem um invólucro isolante para proteger a cidade e os seus cidadãos da mudança. Algumas, como as cidades da Síria, não conseguem encontrar uma solução antes de a cidade ser destruída.

Simbiose urbana

Todas as actividades da cidade são interdependentes. Existe uma certa simbiose em quase todos os sectores da cidade. Os mercados dependem tanto dos compradores como dos vendedores. Sem os criminosos, a polícia não teria muito que fazer. Os professores precisam dos alunos, tal como os alunos precisam dos professores. Uma cidade saudável pode ser vista como uma cidade com mais médicos, ou talvez uma cidade mais saudável precise de menos médicos?

Os seres humanos preferem naturalmente trabalhar em paralelo em vez de em série, tanto por competição como por associação. O trabalho em série evoluiu através do controlo intelectual, em vez da tendência natural que faz com que as empresas com produtos semelhantes tendam a reunir-se no mesmo mercado. As pessoas preferem trabalhar em pequenas equipas e partilhar o trabalho. A maioria prefere trabalhar ao lado de um concorrente do que sozinho ou numa linha de produção. A simbiose de uma linha de produção deve ser criada para que a linha de produção funcione.

Entropia urbana

A cidade está cheia de tendências para o fracasso. O impulso natural do homem para construir tende a destruir o habitat de que o homem depende. Há criminosos que querem alimentar-se da sociedade e acabam por trabalhar na cozinha da prisão.

Há forças entrópicas na maior parte das organizações da cidade: empresas de autocarros que fazem circular os autocarros em vez de transportarem passageiros; empresas de água que colocam condutas de água mesmo quando não têm água para elas; promotores imobiliários que possuem edifícios de escritórios vazios; e associações públicas de habitação que demolem mais casas do que constroem. Há os médicos que preferem dizer aos saudáveis que estão doentes do que ajudar os doentes. Há os polícias que acreditam que o seu trabalho é usar a força em vez de garantir a liberdade da sociedade contra a opressão.

As sociedades urbanas são constituídas por pessoas que estão constantemente a discutir. Não se trata apenas de conflitos familiares que podem levar ao divórcio, ou de desacordos na estrada que podem levar à violência rodoviária. Os pontos de vista dos profissionais são muitas vezes diametralmente opostos aos pontos de vista dos políticos, que podem diferir da opinião popular, e todos são susceptíveis de estar errados.

Resiliência urbana

Tal como alguns organismos na natureza protegem outros, fornecendo abrigo contra o vento e o sol, as organizações e estruturas sociais na cidade fornecem proteção, controlando os efeitos das influências externas, tornando a cidade um lugar mais estável e sustentável para se viver. As grandes indústrias proporcionam emprego estável, os bancos centrais equilibram as flutuações monetárias, as companhias de seguros garantem a segurança contra perdas e velhice, a censura controla a influência de ideias indesejáveis, as tarifas protegem a indústria local, os exércitos asseguram a defesa.

Face às alterações climáticas iminentes e à migração em massa, há uma necessidade urgente de resiliência. As cidades estão mais preocupadas do que nunca em desenvolver a capacidade de lidar com a mudança.

Cortesia, Política, Governo e Justiça

No decurso do desenvolvimento da sociedade urbana, surgiram quatro sistemas sociais que apoiam a resiliência e ajudam a evitar a entropia natural. São eles a civilidade, a política, o governo e a justiça. Em conjunto, definem o que é "público". A civilidade é uma mistura de normas sociais que moldam o comportamento público, a política é o sistema social que define a política pública como um meio de resolver desacordos através do acordo e não da força, e o governo fornece uma gama de bens e serviços públicos baseados na política pública.

O governo tem um papel a desempenhar na captura dos produtos residuais da sociedade urbana e, sempre que possível, na sua transformação em nutrientes valiosos que continuam a sustentar a vida na cidade. Todos os resíduos - sejam eles lixo ou resíduos sociais - são uma potencial disfunção da cidade, e um governo responsável, tal como a natureza, providenciará meios para dar aos resíduos uma utilização produtiva.

O poder judicial é o sistema que garante a ordem pública e, ao mesmo tempo, protege e salvaguarda os direitos do indivíduo.

Razão versus instinto

O instinto leva as pessoas a unir forças. Estes instintos conduzem a uma mistura irracional de cooperação, competição e manipulação. Para criar ordem a partir do caos causado pelos instintos, o homem usa a mente racional criada por Deus. Mas mesmo a chamada mente racional é, de facto, bastante caótica, limitada e confusa pela informação que recebe, é sensível a qualquer estímulo e a sua capacidade de tomar decisões racionais é, na melhor das hipóteses, limitada.

A mente racional é distraída por um excesso de informação e de mensagens sobrepostas e tem aversão à duplicação de esforços, ao contrário do instinto. Os seres humanos criam burocracias e linhas de produção porque acreditam que são necessárias para a eficácia e eficiência.

O ser humano deve dar um enorme passo intelectual para eliminar a burocracia e reorganizar as linhas de produção, para que deixem de ser "máquinas" e passem a ser sistemas vivos, capazes de se adaptar e reagir sem perder a sua capacidade de produzir.

Reglomania e reforma

A reglomania é uma doença dos burocratas que definem as suas tarefas apenas pelos regulamentos que aplicam e não pela obtenção de um resultado pretendido. É também uma doença daqueles que redigem regulamentos de uma forma determinista e esperam que a sociedade siga os regulamentos e atinja um determinado resultado ao seguir os regulamentos. É uma mentalidade generalizada que assume que o comportamento público é determinado por regulamentos e que os problemas sociais podem ser resolvidos por regulamentos.

A teoria dos sistemas ensina-nos a olhar para os regulamentos de uma forma orgânica e ajuda-nos a sair desta visão determinista dos regulamentos e a vê-los no seu contexto sócio-político.

Em muitos países, os regulamentos governamentais terminam com palavras como as seguintes

> Para que todos conheçam as exigências da presente portaria, esta é inscrita no registo nacional das portarias.

Parte-se do princípio de que todos têm acesso ao registo e descobrem, compreendem e estão preparados para cumprir os regulamentos que lhes dizem respeito. É claro que tudo isto se aplica a muito poucas pessoas. Os regulamentos são o resultado do governo, mas raramente são o contributo direto das pessoas que são afectadas por eles. É mais provável que obtenham as suas opiniões através de amigos e críticos públicos e que actuem de acordo com as suas impressões sobre os regulamentos do que com o que está efetivamente nos regulamentos e com o que estes pretendem. Um novo regulamento terá certamente um impacto, mas esse impacto será determinado pelas fontes de conhecimento, preconceitos e capacidades pessoais das pessoas no dia a dia.

Os esforços para analisar ou formular hipóteses sobre o impacto da legislação proposta são conhecidos como avaliações do impacto regulamentar. Não surpreende que, na maioria dos casos, o risco mais imediato de fracasso da regulamentação seja o facto de o próprio governo não implementar a nova regulamentação por não atribuir ou desenvolver os recursos necessários. Nos casos em que os regulamentos exigem uma reforma governamental, as forças que resistem à mudança encontram frequentemente formas de minar a sua intenção.

Mesmo o processo de elaboração de políticas é geralmente visto como um processo linear que começa com uma declaração política, evolui para um projeto de lei antes de ser promulgado e implementado. A visão sistémica da política começa com a compreensão do impacto do atual quadro político no ambiente e com a intenção política de introduzir uma mudança na política que afecta o ambiente, a fim de alcançar a mudança desejada.

4.5 Organo-governo

Na metáfora da cidade como um sistema, o governo funciona como um subsistema de controlo. É a organização mais importante da cidade, responsável pela manutenção da estabilidade social, uma forma de equilíbrio ecológico. O significado da palavra "governo" é o mesmo que "controlo" na teoria dos sistemas. Para ser capaz de governar em tempos de mudança, o governo deve ter a diversidade necessária na sua estrutura. A capacidade de resposta e a responsabilidade do governo estão intimamente ligadas.

O governo deve evoluir com outras organizações da sociedade e formar relações simbióticas com elas se quiser manter a estabilidade social na cidade. Deve responder às novas organizações, ajudando-as ou dificultando-as a encontrar nichos nos quais possam prosperar e amadurecer. O governo também deve ser capaz de se sustentar a partir da cidade para se manter autossustentável. Deve ser capaz de cobrar impostos, receber informações e adquirir bens. Também precisa de ser continuamente revigorado, com novas gerações de políticos e funcionários que sejam capazes de organizar e reorganizar, contratar e repor pessoal para garantir que a cidade e a sua administração continuem a prosperar.

Necessita de sensores no mundo exterior para reconhecer as mudanças no seu ambiente. A administração local não se pode isolar do mundo exterior. À medida que a cidade cresce, os seus mercados também devem crescer e alargar as fronteiras do seu ambiente externo.

A necessidade de capacidade de reação da administração local estende-se a todas as suas organizações. As autoridades precisam de compreender as pessoas que servem e responder às mudanças no seu ambiente. Os bons operadores de autocarros reconhecerão que estão a fornecer transporte numa cidade e numa rede rodoviária em crescimento e em mudança; os bons serviços de limpeza manterão um certo nível de limpeza e higiene, independentemente das mudanças na cidade, do clima ou do tipo de coisas que as pessoas deitam fora.

O governo local, na metáfora de um sistema, movimenta recursos rapidamente, inova, toma medidas, recebe feedback e adapta-se a mudanças rápidas. Um governo não pode ser maquinal e rígido e trabalhar apenas de acordo com procedimentos estabelecidos. Não pode fazer apenas as coisas para as quais foi originalmente criado. O governo deve estar centrado no cidadão. Deve ser capaz de interpretar os contributos que recebe das pessoas e precisa de ter um forte sentido de valores e da sua própria identidade ao serviço das pessoas.

Com estes valores e um sentido de serviço, o governo local estabelece a sua própria agenda com vista a atingir objectivos definidos, independentemente das mudanças no ambiente, uma igualdade para si próprio e uma igualdade para a cidade atingir os seus objectivos no mundo exterior.

A cidade é muito mais do que um ecossistema, assim como o seu governo local é muito mais do que um ecossistema. A maioria dos ecossistemas é constituída maioritariamente por matéria viva, um degrau acima na escada evolutiva da rocha e da água. Os organismos ainda estão limitados a crescer, adaptar-se, reproduzir-se e morrer. A maioria dos organismos não pode tomar decisões. Os seres humanos são um passo gigantesco na escada evolutiva. São capazes de tomar decisões, de planear antecipadamente a forma como vão reagir às mudanças e de não se restringir aos limites do seu comportamento instintivo.

Embora a teoria dos sistemas possa ajudar-nos muito a ver a cidade a um nível de complexidade que vai para além do puramente físico, oferece apenas uma visão metafórica da cidade e ainda não é suficiente para compreender como é realmente a nossa cidade.

Capítulo 5

A cidade como organização

As cidades mineiras de Bontang e Broken Hill são pouco mais do que extensões das respectivas empresas mineiras e organizações de trabalhadores. As cidades que confinam com bases militares são também pouco mais do que extensões das forças armadas. Estas cidades podem literalmente ser consideradas organizações. Em geral, quanto mais bem organizada é uma cidade, mais uniforme e aborrecida ela é. Entre as cidades mais bem organizadas, talvez só Singapura e Doha consigam ser coloridas e, ao mesmo tempo, funcionar como grandes empresas.

A vantagem de estudar a cidade como uma organização reside na riqueza de material que tem sido escrito sobre organização e comportamento organizacional nas últimas décadas. Devemos utilizar esta literatura com cautela, porque mesmo as cidades mineiras diferem em muitos aspectos das organizações empresariais. A cidade não tem um chefe executivo, não tem um motivo de lucro visível e não tem membros ou objectivos claramente definidos.

5.1 Organização humana

Os grupos sociais mais comuns na sociedade são a família, os vizinhos e os amigos. Estas três formas mais comuns de organização ilustram o desejo natural do ser humano de se organizar. Por natureza, todos nós formamos famílias, estabelecemos relações com vizinhos e fazemos amigos. Estas formas simples de organização ilustram características específicas da organização que são frequentemente ignoradas nas teorias organizacionais.

Antes de as famílias terem filhos, os casais organizam-se para partilhar a tarefa de encontrar recursos para viver e construir uma casa. Os primeiros líderes foram Adão e Eva como chefes de família. *As famílias* têm dois chefes, o pai e a mãe. Embora o pai seja visto como o chefe da família na maioria das sociedades e seja responsável por estabelecer directrizes e disciplina, é normalmente a mãe que é responsável pela liderança quotidiana. O que é que acontece quando aplicamos a metáfora da família às empresas e às cidades? A imagem do pai seria antes a metáfora do conselho de administração de uma empresa e a imagem da mãe a do gestor. O pai seria a metáfora para o conselho municipal e a mãe para o presidente da câmara. Alguns dos presidentes de câmara mais bem sucedidos são também mães, como Tri Rismaharini de Surabaya, que foi distinguida como a melhor mulher presidente de câmara do mundo.

Os grupos de vizinhos não têm muitas vezes um líder formal. A liderança informal muda de tempos a tempos e de lugar para lugar. Quando os vizinhos estão em minha casa, normalmente sou eu o líder. Quando vou a casa de um vizinho, deixo o meu vizinho assumir a liderança.

Mesmo entre *amigos,* normalmente não há líderes. O papel de liderança num grupo de amigos pode mudar ao longo de uma conversa, um pode iniciar, um pode falar mais e outro pode encorajar os mais calados a falar. Iniciar, falar e organizar entre amigos faz parte da partilha, não de liderar e seguir. Quando as equipas de trabalho ou as equipas desportivas se tornam um grupo de amigos, cada membro da equipa pode assumir a liderança de vez em quando ou mesmo passo a passo.

A forma como as pessoas formam organizações depende dos seus interesses. As pessoas formam organizações quando têm *interesses comuns e organizam-se* dentro dessa organização de acordo com os seus *interesses complementares*. A função e o carácter da organização resultam dos interesses comuns e a estrutura resulta dos diferentes interesses.

Historicamente, o interesse comum mais forte (para além do sangue) é a *crença comum*. As organizações baseadas em crenças incluem religiões e partidos políticos. A nossa crença no dever de servir a comunidade apoia organizações de caridade e clubes de serviço como o Rotary. *As necessidades* são a base para a formação ou adesão a organizações, especialmente grupos de autoajuda, como os grupos de vigilância de bairro e as cooperativas de aldeia.

As preferências e os passatempos estão na base das organizações de jogadores de xadrez, de coleccionadores de selos e de óperas. *Os interesses económicos* conduzem à formação de organizações profissionais e câmaras de comércio.

As experiências partilhadas são também um laço que pode levar à formação de organizações. Um casal que assiste a um pôr do sol sente a ligação da experiência partilhada durante um curto período de tempo, o que pode ser suficiente para os unir durante toda a vida. As organizações baseadas em pessoas que partilham um trauma podem ser vitais para apoiar os membros durante o seu luto. Os veteranos de guerra formam laços muito fortes. Um avião de passageiros sobrevoou o vulcão Galunggung em Java, os seus motores pararam e todas as funções eléctricas falharam até ter descido a algumas centenas de metros. Os passageiros encontraram-se regularmente até décadas mais tarde.

Os interesses comuns podem *conduzir* à *concorrência*. Os motoristas de táxi podem pertencer a uma cooperativa, mas competem pelos passageiros. Os proprietários de bancas num mercado têm um interesse comum na venda de mercadorias, mas competem por cada venda. O ténis é um jogo competitivo; os membros de um clube de ténis partilham a competição quando jogam.

Os interesses complementares estruturam uma organização. Os interesses comuns de um promotor e de um proprietário de terras residem na construção. Os seus interesses são complementares porque uma parte pode construir e a outra precisa de um edifício. Formam a forma mais simples de estrutura organizacional, a *parceria*. O interesse comum dos motoristas de táxi é prestar um serviço de táxi. O interesse complementar é definido pela ordem em que fazem fila na praça de táxis, criando o segundo átomo da estrutura organizacional, a *fila*. Cada taxista presta um serviço através da ordem em que espera para servir o público. Os interesses comuns de um grupo de artesãos num estaleiro de construção são os da construção. Os interesses complementares combinam-se para formar um terceiro átomo organizacional, a *equipa*. Cada um contribui com as suas competências de modo a que o resultado comum seja alcançado.

Em cada uma destas situações, há uma tendência para que uma das partes seja mais dominante e as outras a sigam. Numa parceria, uma das partes pode ser o chefe e a outra o escravo. Numa fila de espera, uma pessoa pode empurrar para a frente da fila. Numa equipa, uma pessoa pode ser o líder.

As parcerias, as filas, as equipas e a tendência para uns liderarem e outros seguirem são as forças fundamentais que criam as organizações. E podem ser observadas em toda a cidade. Definem, para cada membro, os *papéis que* vão desempenhar e as *acções que vão* tomar no desempenho desses papéis. Os papéis empresariais são definidos por títulos de emprego, descrições de funções, códigos profissionais e tecnologias que utilizamos. A forma como desempenhamos os nossos papéis é definida por procedimentos, regulamentos, acordos, tradições e práticas profissionais.

Alguns papéis estão claramente definidos e as acções necessárias para os desempenhar estão também claramente definidas. Os médicos e os enfermeiros têm papéis bem definidos na sociedade e procedimentos bem definidos. Alguns papéis bem definidos são apenas vagamente delineados e as acções são largamente determinadas pelo indivíduo. Tanto o cientista como o gestor têm de determinar por si próprios como atuar, mas estão muito seguros do seu papel e do seu comportamento.

Alguns papéis não estão claramente definidos nem existem directrizes sobre a forma como devem ser desempenhados. Todos os novos membros de uma organização se encontram numa situação destas. O seu papel e o seu comportamento têm de ser aprendidos, através das regras, da orientação dos colegas e da sua própria experimentação inovadora. Mas, acima de tudo, devem desenvolver a sua autoimagem para se identificarem com o seu novo papel.

Algumas funções mudam e, para as desempenhar, é preciso antecipar o que será procurado no futuro. É o caso de muitos dirigentes municipais, cujo papel muda com cada mudança de carreira. E as nossas ideias de governo estão a mudar, da administração pública ao serviço público e à criação de uma nova sociedade.

As organizações podem ser flexíveis ou rígidas. Uma *organização flexível* tem regras simples e não exige que os seus membros desempenhem tarefas difíceis. Um exemplo de uma organização flexível é uma passagem de nível. O interesse comum dos membros temporários desta estranha organização é o desejo de atravessar a passadeira em segurança. Para se tornar membro, basta aproximar-se da passadeira e, quando se sai da passadeira, já não se é membro. Os interesses complementares são as direcções de onde vêm os membros e as direcções para onde querem ir. Os papéis são definidos pela ordem em que os membros temporários chegam ao cruzamento e pelas regras de cedência de passagem.

Uma *organização rígida* tem um número fixo de membros, funções exigentes para os seus membros e formas complexas de as desempenhar. A rigidez pode significar *inflexibilidade, como nas* organizações monásticas. A rigidez pode ser a exigência de um desempenho de *alta qualidade*, como na tripulação de um avião a jato. A rigidez pode significar a *necessidade de ser adaptável sob alta pressão, como numa* equipa de bombeiros.

As organizações complexas podem ser frouxas ou rígidas ou uma combinação de ambas. A adesão à igreja é tão frouxa que alguns membros só vão à igreja duas vezes na vida, para serem baptizados em crianças, para se casarem e novamente para o funeral quando morrem. No entanto, mesmo com uma frequência tão baixa, o papel de um membro ocasional da igreja pode ser bastante exigente, uma vez que se debate com as dificuldades e o sentido da vida e os relaciona com a igreja. O padre, que tem um papel muito mais exigente, estudou o dogma da Igreja e as competências da sua profissão. Aprendeu muito bem o seu papel e ensaiou os rituais com precisão. Para ele, as acções parecem naturais e fáceis.

Há organizações por todo o lado na cidade. Os cidadãos da cidade estão constantemente a encontrar interesses comuns e a fundar organizações ou a juntar-se a outras já existentes. Os cidadãos encontram interesses novos e complementares e alteram a estrutura das suas organizações. E quando se apercebem de que os seus interesses já não são servidos pelas suas organizações, abandonam-nas. As organizações da cidade estão num estado de fluxo constante: lutam pela estabilidade quando os tempos mudam, ou, para usar os termos do sistema, pela equifinalidade. Quando os interesses comuns mudam, algumas organizações deslocam-se com os seus membros. Uma empresa de construção que receia que o interesse na compra dos seus novos edifícios esteja a diminuir pode tornar-se proprietária de terras. Algumas organizações mantêm o interesse comum e permitem que os membros mudem. A organização que se encontra numa encruzilhada actua da mesma forma durante todo o dia, independentemente da mudança constante dos seus membros. A adesão só se torna importante quando um membro infringe as regras.

Existem organizações dentro de organizações, como os coros na igreja, os grupos de pais nas escolas, os comités no governo e os grupos de amizade no local de trabalho. Há organizações dentro de organizações, como as câmaras de comércio e as associações de ajuda humanitária. Há organizações que existem apenas na cidade, como os clubes de futebol, e organizações que se estendem para além dos limites da cidade, como os bancos.

Algumas das organizações que ligam a cidade ao mundo exterior constituem um desafio para a cidade. As organizações de migrantes podem aumentar a população e as empresas de transportes podem trazer mais mercadorias e camiões. Outras organizações que estão ligadas ao mundo exterior ajudam a cidade a criar a sua identidade, como as associações de futebol que ajudam as equipas da cidade a jogar contra outras cidades. Em Bali, o turismo está em grande parte nas mãos de empresas multinacionais de viagens, cujas reservas são decididas em agências de viagens de todo o mundo. No entanto, estas empresas confiam em Bali para manter a sua identidade e investem fortemente na cultura e no património balineses. Sydney é mais famosa pela sua Opera House, que toca música antiga composta no outro lado do mundo, muito antes de os brancos terem posto os pés nas margens do porto de Sydney.

Os cidadãos de uma cidade identificam-se com ela e complementam-se para apoiar essa identidade. A cidade é uma organização grande e complexa. A própria cidade determina muitos dos papéis e acções dos seus cidadãos. Os proprietários pagam impostos, os eleitores vão às urnas e todos nós (espero) paramos nos sinais vermelhos. Nestas acções, os cidadãos desempenham o seu papel como membros desta organização. Os seus interesses comuns são as estradas, as escolas, os mercados, o ar e a água, e todos os privilégios que advêm do facto de se ser cidadão.

As secções seguintes descrevem uma série de tipos de organização que têm sido utilizados como metáforas para a cidade ou para a administração da cidade. Alguns são mais apropriados do que outros, mas todos contribuem para a nossa imagem global da cidade.

5.2 As engrenagens da burocracia

A burocracia é uma forma de organização que está estruturada como uma máquina. Os teóricos da gestão do século XIX chegaram à conclusão de que uma organização baseada no exército era demasiado limitada para a gestão na indústria e na função pública e, por isso, inventaram uma organização baseada numa máquina. Uma máquina é uma ferramenta sofisticada accionada por uma fonte de energia (uma roda de água, um motor a vapor, eletricidade) sob o controlo específico de um operador de máquina para produzir repetidamente um único produto. Uma burocracia divide os processos administrativos em partes, de modo a que cada parte, tal como uma máquina, exija um único resultado. O produto é produzido por pessoas, não por máquinas, e as suas acções são limitadas por descrições de funções e procedimentos. Cada funcionário segue os procedimentos e passa o trabalho para a engrenagem humana seguinte na máquina burocrática.

A burocracia é uma forma limitada de organização. Por definição, restringe todos os empregados às regras estabelecidas. Mas as pessoas não são máquinas e, se as limitarmos a trabalhar como máquinas, não estamos a realizar todo o seu potencial. Quando as pessoas são tratadas como máquinas, muitas vezes comportam-se como máquinas e deixam de responder às necessidades da organização. Não há necessidade de conceber uma organização desta forma. Os adultos são capazes de trabalhar com discrição. Podem aprender e adaptar-se a novas situações. Podem modificar-se a si próprios quando necessário, ao contrário de uma máquina que não pode mudar sem ser redesenhada. São capazes de reconhecer quando o seu output ou input não é da qualidade correcta. São inteligentes, as máquinas não o são.

As burocracias são concebidas para produzir resultados uniformes. Se uma burocracia é incumbida de tarefas muito diferentes, não as consegue cumprir. Os seus procedimentos e estruturas rígidos não conseguem lidar com a diversidade. Tem de sobrepor à sua estrutura fixa todo o tipo de estruturas temporárias, projectos, comités, grupos de trabalho, consultorias, destacamentos para realizar o trabalho. Aparentemente, estas estruturas permitem fazer as coisas de forma eficaz, mas, na realidade, apenas tornam o sistema mais complexo e dificultam a eficácia do trabalho.

Não é correto pensar na cidade como uma burocracia, nem a burocracia é uma forma de organização adequada para governar a cidade. Os parágrafos anteriores são suficientes sobre esta má metáfora.

5.3 A cidade como fabricante

As fábricas produzem um ou mais produtos a partir de materiais fornecidos pelo exterior. Os produtos são transportados para venda. Na fábrica existem armazéns, máquinas para transportar e processar materiais, operadores de máquinas, trabalhadores para toda uma série de actividades de apoio e gestores. O interesse comum das pessoas numa empresa transformadora é a produção e venda rentável dos seus produtos, porque os seus membros beneficiam da rentabilidade.

Com muita imaginação ou uma investigação económica detalhada, é possível olhar para as cidades como fábricas. O que é que a sua cidade produz que é a base da sua existência?

Apenas uma pequena parte dos trabalhadores de uma fábrica, os directores e os comissários, têm uma visão global da produção e da rentabilidade, mas todos estão conscientes da sua própria produtividade e da sua contribuição para o todo e podem sentir-se satisfeitos com isso. Todos os trabalhadores da fábrica podem também ver sinais de desempenho global; vêem a expansão ou contração da produção, vêem as alterações de preço dos produtos, vêem as mercadorias a serem devolvidas por má qualidade e vêem o desperdício. Podem sentir a pressão sobre a direção.

Os cidadãos da cidade têm menos consciência da cidade como um todo. Podem nem sequer ter consciência do crescimento ou da reputação dos seus activos. Mas cada membro tem um interesse comum no bem-estar da cidade. Os cidadãos de uma cidade relacionam-se com ela de muitas maneiras, como os trabalhadores de uma fábrica, mesmo que não vejam a sua própria contribuição para ela.

As empresas industriais operam num ambiente empresarial constituído por trabalhadores e gestores, bem como por accionistas, fornecedores e clientes. Na cidade, os habitantes são simultaneamente trabalhadores e gestores. Através de processos democráticos, são também os accionistas e, através dos mercados, são os fornecedores e os clientes. Estes grupos separados na economia são um só grupo na cidade.

Uma organização de produção pode ser dividida em várias sub-organizações funcionais. *A produção* cria um produto que é valioso para um mercado.

O planeamento determina as despesas necessárias para o funcionamento da empresa, de modo a que a gestão possa tê-las em conta. *O marketing promove* o produto e defende o seu mercado contra os concorrentes. *A investigação e o desenvolvimento preparam* as mudanças. Os grupos de RH e de assistência social apoiam o pessoal e controlam e recompensam o desempenho pessoal. *A contabilidade controla* as despesas e avalia a responsabilidade e a eficácia. *Os serviços* e *a manutenção das instalações* mantêm a infraestrutura e o tecido estrutural para garantir a eficácia de todas as outras funções. E acima de tudo está o *executivo* para dirigir e governar.

Para além destas sub-organizações da empresa de produção, existem outras organizações que trabalham na fábrica e que não fazem parte da empresa. Estas incluem os sindicatos, os inspectores de segurança do governo, os responsáveis pela proteção ambiental, o subcontratante para a cantina e uma variedade de empresas que fornecem materiais, serviços e transportes de tempos a tempos.

Todas estas sub-organizações podem ser mais ou menos comparadas a diferentes aspectos da cidade. O executivo pode ser comparado ao *governo*. Na fábrica, o executivo é dirigido por um conselho de administração que representa os accionistas, que podem nem sequer saber onde a fábrica está localizada, enquanto os accionistas da cidade são os *cidadãos* que vivem na cidade e são representados pelo seu *parlamento. A* função do conselho de administração é garantir que a fábrica obtém lucro sobre o investimento dos accionistas, produzindo para um mercado para além das cercas da fábrica. O objetivo do parlamento da cidade, no entanto, é garantir o benefício para a população. O que a cidade produz para mercados fora dos limites da cidade é importante, mas é apenas uma das muitas preocupações do parlamento.

O marketing na fábrica promove os produtos e estabelece a ligação entre a organização e o seu mercado. Promove a imagem da empresa e dos seus produtos para garantir a boa reputação da empresa. Tenta proteger a empresa e os seus produtos de empresas concorrentes ou de outras organizações adversárias. Algumas cidades promovem-se a si próprias de forma deliberada. Concorrem para acolher os Jogos Olímpicos, atraem turistas e investimentos e até disputam a atenção das instituições de crédito que financiam os seus programas de construção.

A forma como as fábricas e as cidades asseguram o bem-estar dos seus membros também pode ser comparada. A forma como as empresas cuidam dos seus trabalhadores depende do que é necessário para atingir a produtividade e depende das leis laborais e dos acordos negociados. A empresa não empregará ou cuidará de alguém que não possa ser produtivo. A cidade cuida dos seus cidadãos de acordo com as expectativas culturais e inclui toda a gente até certo ponto, independentemente de serem ou não produtivos. A cidade não contrata e despede, nem força a reforma. As pessoas nascem como cidadãos ou imigram por vontade própria. Alguns cidadãos deixam a cidade por vontade própria, mas a maioria permanece cidadã até à morte. As cidades criam organizações de ajuda especial, associações de assistência social, para cuidar dos mais desfavorecidos. Criam organizações para a arte, a cultura e o desporto, para actividades que não interessariam à empresa, a menos que esta pudesse beneficiar delas, melhorando as relações com o pessoal, os investimentos ou a publicidade.

5.4 Administração municipal

A principal diferença entre uma organização de produção e uma cidade é o grau de controlo que a pessoa responsável tem sobre o que está a acontecer. As organizações de produção são altamente estruturadas de modo a que cada divisão esteja numa hierarquia sob a direção do diretor-geral. O chefe da cidade tem apenas um controlo limitado sobre todas as actividades da cidade. É bastante desestruturado, muitas vezes sem supervisão, e as actividades sobrepõem-se constantemente a outras actividades.

A organização industrial, com a sua forte estrutura e autoridade, não é necessariamente fácil de gerir. De facto, gerir organizações é tão difícil que gera um fluxo contínuo de investigação e literatura para ajudar os gestores a fazerem melhor o seu trabalho. Alguma desta literatura pode ser útil para os gestores das cidades se imaginarem por um momento que a sua cidade é como uma organização que pode ser gerida!

A teoria clássica da gestão divide a tarefa de gestão em cinco funções de gestão, que são descritas a seguir:

Planeamento

O planeamento da gestão é a definição de objectivos e metas, bem como a seleção de procedimentos e programas de medidas para atingir esses objectivos. O planeamento urbano no sentido tradicional é algo completamente diferente. Os planos de ordenamento do território não planeiam o que vai acontecer, mas apenas o que pode acontecer; são regulamentos e não planos de gestão.

Quando as cidades elaboram planos de desenvolvimento de infra-estruturas, de desenvolvimento de parques empresariais e de programas de renovação de habitações, têm de desenvolver planos de gestão de uma forma semelhante ao planeamento empresarial, uma vez que a cidade está efetivamente a agir como uma empresa nestas actividades. Quando uma administração municipal se torna empresarial, o foco das suas actividades passa da administração e das necessidades básicas, que o sector privado por si só não pode fornecer, para actividades que as empresas podem fornecer. Um bom governo deve procurar um equilíbrio entre as actividades governamentais e empresariais.

O planeamento na cidade está espalhado por toda a área urbana, uma vez que cada organização da cidade realiza o seu próprio planeamento. A forma como estes planos de centenas de organizações diferentes estão ligados entre si é uma função importante do sistema político da cidade.

Quando a cidade é vista apenas como edifícios e redes, o papel do planeamento parece caber a engenheiros e planeadores com formação em planeamento legal, modelação de tráfego, engenharia civil e hidráulica. Quando a cidade é vista como um complexo de muitas organizações, o planeamento torna-se o processo de moldar a forma como os planos das organizações individuais podem trabalhar em conjunto. O planeamento é essencialmente político. A razão pela qual a sociedade cria organizações políticas é para coordenar as actividades das suas organizações e cidadãos. E a melhor altura para o fazer é na fase de planeamento. Quando os políticos regulam o âmbito das actividades através de regras e orientações, dão a cada pessoa e organização a garantia de que os seus planos não serão frustrados pelas acções de outras organizações. A importância do governo local é fornecer o quadro político responsável para coordenar os planos das pessoas e organizações dentro da sua área.

O objetivo do planeamento da gestão é reduzir a escolha. Ao tomar decisões agora e não mais tarde, reduzimos o número de decisões que ainda têm de ser tomadas. Se quisermos integrar os planos de várias organizações, cada organização deve limitar as suas escolhas no início do período de planeamento. A integração retira parte da função de planeamento das organizações individuais e transfere-a para o coordenador. Cada organização concorda com este processo porque a redução da individualidade é compensada pela certeza de que as outras partes não estão dispostas a contrariar os programas. O processo político incentiva e motiva as partes a planear dentro de um quadro acordado. Reduz a necessidade de integrar actividades mais tarde.

Infelizmente, os políticos raramente têm conhecimentos especializados em matéria de planeamento ou da complexidade das cidades. Em todo o mundo, os peritos queixam-se da má qualidade do processo de decisão urbano e acusam os políticos de exercerem o poder, de fazerem política partidária e de nepotismo. Onde quer que vamos, os funcionários públicos queixam-se de que os seus chefes políticos ignoraram os princípios de um bom planeamento e promoveram os seus projectos de estimação.

Desde a Segunda Guerra Mundial, o planeamento urbano e o controlo do desenvolvimento foram profissionalizados e burocratizados e, atualmente, os urbanistas são uma profissão reconhecida com formação universitária. A solução profissional para a complexidade é o planeamento integrado. O planeamento integrativo requer, em primeiro lugar, uma abordagem abrangente que envolva todos os sectores e todas as partes envolvidas na realização do desenvolvimento. Em seguida, os objectivos devem ser formulados num plano com o qual todas as partes envolvidas devem concordar, para que a implementação reduza o número de conflitos.

Na década de 1980, os programas integrados de infra-estruturas urbanas tornaram-se uma solução profissional preferida das agências internacionais de desenvolvimento nos países em desenvolvimento. Antes da introdução das *infra-estruturas urbanas integradas, o* desenvolvimento de diferentes tipos de infra-estruturas urbanas era levado a cabo por diferentes agências do governo nacional, que executavam os seus próprios programas de acordo com os seus próprios calendários e se concentravam nos projectos. Os resultados eram entregues à administração local para manutenção, sem qualquer consideração pela capacidade ou empenhamento em gerir e manter os sistemas globais. Esta situação era um desperdício e desacreditava a administração local.

Em teoria, as infra-estruturas urbanas integradas deveriam reunir a modernização das infra-estruturas urbanas num único programa, sendo o financiamento principal proveniente de um empréstimo para infra-estruturas urbanas integradas.

Reunir os diferentes tipos de infra-estruturas num programa coordenado deveria facilitar a obtenção de resultados, mas aumentou a complexidade, uma vez que normalmente envolve três níveis de governo - local, provincial e nacional - cada um com o seu próprio processo de planeamento, orçamentação, apresentação de relatórios e responsabilização, que continua a ser planeado por planeadores sectoriais, e os políticos de cada nível muitas vezes limitam-se a aprovar os planos.

Embora a Iniciativa de Infra-estruturas Urbanas Integradas tenha melhorado as infra-estruturas, não permitiu que as comunidades locais gerissem melhor os seus próprios assuntos. Na Indonésia, as infra-estruturas urbanas integradas foram abandonadas após a queda de Soeharto, na sequência das reformas democráticas e da descentralização. Surgiu uma abordagem mais orgânica do planeamento, mas em detrimento do planeamento profissional. Espera-se que o planeamento possa ser simultaneamente profissional e político.

Organizar

A organização é a função de gestão que cria papéis definidos em descrições de funções para as quais as pessoas podem ser nomeadas na função de pessoal e cria procedimentos através dos quais estas executarão o trabalho planeado como parte da função de planeamento. Também estabelece estruturas para mostrar as relações entre as partes interessadas e o fluxo de materiais e documentos de uma parte interessada para outra.

As estruturas baseiam-se em quatro formas diferentes de relações. As relações *paralelas* são aquelas em que as pessoas trabalham lado a lado em funções semelhantes e realizam actividades semelhantes, como é o caso dos dactilógrafos numa oficina de escrita. As relações *sequenciais são aquelas em que* uma pessoa passa o produto do seu trabalho a outra para o processar, como é o caso dos trabalhadores numa linha de montagem. Nas *equipas,* as pessoas trabalham em conjunto e complementam-se para alcançar um resultado comum. *As hierarquias existem* quando algumas pessoas têm autoridade sobre outras.

Existem organizações não hierárquicas em que todas as pessoas têm o mesmo estatuto. Os vendedores num mercado são uma dessas organizações. Algumas organizações podem ter *hierarquias representativas* em que cada pessoa tem o mesmo estatuto, mas para assegurar a liderança, elegem líderes para áreas de atividade específicas. O poder dos líderes depende do poder que lhes é atribuído pelos membros. Os clubes sociais e as democracias são exemplos de hierarquias representativas. As hierarquias normais são organizações em que o poder é transferido de um líder para os sucessores eleitos. Nas empresas, as hierarquias existem para manter o controlo de todas as áreas da organização nas mãos do proprietário.

Os governos têm burocracias para concentrar efetivamente a responsabilidade pelos assuntos públicos nos chefes de governo eleitos que respondem perante os seus parlamentos. Ao mais alto nível, os governos são hierarquias representativas porque os chefes de governo são eleitos, mas a máquina governamental sob os chefes de governo está organizada numa *hierarquia nomeada.*

Os grupos de organizações podem trabalhar em conjunto nas mesmas relações estruturais que as pessoas para criar organizações de nível superior. As organizações trabalham em paralelo dentro de cada indústria; as indústrias trabalham em sequência, desde a extração de matérias-primas até à venda de bens de consumo; e os fornecedores trabalham em equipa para construir as nossas estruturas mais complexas. Podem trabalhar em conjunto de forma não hierárquica ou formar uma cooperativa com uma liderança representativa. Podem reconhecer a autoridade superior de uma organização, como os sindicatos que respeitam as organizações que fixam os salários e as companhias aéreas que respeitam o estatuto superior dos controladores de tráfego aéreo.

Cada organização da cidade é responsável pela sua própria organização. A gestão da cidade preocupa-se em desenvolver associações de organizações e em criar hierarquias representativas, a fim de reduzir o número de organizações a tratar.

É interessante notar que, na teoria clássica da gestão, a organização vem depois da criação de um plano e antes da implementação do plano. Na cidade, a organização da cidade precede necessariamente o planeamento para que a cidade possa reunir as partes que precisam de integrar os seus planos.

Pessoal

Na teoria clássica da gestão, a contratação de pessoal é o processo que consiste em nomear pessoas qualificadas para cargos seleccionados, desenvolvê-las (quer para desempenharem o seu papel de forma mais eficaz, quer para as preparar para novos papéis) e cuidar das suas necessidades. Em comparação, a cidade não nomeia pessoas, mas estas nascem na cidade como um bebé ou assumem o papel de um recém-chegado quando chegam. A cidade atribui um papel a cada cidadão, primeiro como bebé, depois como criança, depois como jovem adulto e assim sucessivamente até à terceira idade. A família, a cultura, a educação e o emprego assumem os papéis da cidade.

Os migrantes chegam à cidade, muitas vezes sem trabalho ou habitação. A cidade acolhe-os. As cidades precisam de encontrar um equilíbrio entre os esforços para integrar os migrantes e os esforços para limitar a migração.

Em administração, a afetação de pessoal significa atribuir pessoas a cargos previamente organizados. O pessoal vem depois da organização. Na cidade, a organização vem depois da dotação de pessoal, concebendo as instituições em torno dos cidadãos, sejam eles autóctones ou imigrantes, e atribuindo a cada um um papel.

Liderança

Em gestão, liderança significa atribuir tarefas, estabelecer objectivos para os trabalhadores e orientá-los. Antes da democracia moderna, os gestores tinham um estatuto social mais elevado e exigiam que os trabalhadores de estatuto inferior seguissem as suas ordens, partindo frequentemente do princípio de que os trabalhadores sabiam segui-las, mesmo que não o soubessem.

Este já não é o caso na maioria das organizações modernas. Os processos são mais complexos, mais exigentes e estão em constante mudança. As pessoas estão menos dispostas a receber ordens dos seus superiores sem explicação e motivação. Os jovens são frequentemente mais capazes, mas têm menos experiência. Não respeitam automaticamente os seus superiores, como acontecia nas sociedades mais tradicionais. A liderança está, portanto, a mudar à medida que os valores sociais mudam.

A liderança política baseia-se tanto na habilidade política como num contrato social. Um contrato é um acordo de troca de favores. Os partidos políticos e os seus candidatos oferecem aos seus eleitores um conjunto de políticas e planos para ganhar os seus votos. Este é um contrato social que obriga os líderes políticos a implementar essas políticas e planos. Estes podem esperar que os seus apoiantes aceitem a sua liderança quando implementam estes planos, porque foram eleitos para o fazer.

A sua capacidade de liderar toda a comunidade, incluindo aqueles que não os elegeram, depende da sua capacidade não só de liderar, mas também de conquistar a liderança. Embora a teoria tradicional da gestão seja de pouca ajuda para nós em termos de liderança vencedora, autores populares dedicaram livros ao assunto. Abordaremos o tema da liderança vencedora na nossa discussão sobre gestão de projectos, mais adiante.

Controlo

Nos primórdios da teoria geral da gestão, o controlo significava a deteção e rejeição de produtos de qualidade inferior, a deteção e correção de erros técnicos e a disciplina dos empregados errantes. A gestão moderna não tolera a mediocridade na qualidade e os trabalhadores modernos reagem mal a medidas disciplinares infantis. A teoria da gestão da qualidade redefine a função de controlo da gestão. O controlo começa agora com o autocontrolo dos trabalhadores, que devem agir de forma mais independente e responsável para garantir que o seu trabalho é eficaz e de qualidade aceitável. O operador está na melhor posição para medir a qualidade e pode medi-la antes que um supervisor de controlo possa verificá-la e antes de o trabalho ser passado para a fase ou posto de trabalho seguinte.

A tarefa dos operadores consiste em prestar os seus serviços de acordo com uma norma acordada. A tarefa da direção é, então, garantir esse cumprimento. A garantia é algo semelhante à tarefa de um auditor ou de uma companhia de seguros. A sua principal tarefa é *não encontrar* problemas. Os sistemas de controlo modernos utilizam controlos aleatórios e estatisticamente determinados, na expetativa de um desempenho quase perfeito. Os sistemas de controlo são concebidos para demonstrar um bom desempenho. Um bom sistema de controlo não deve abrandar a produção. Não deve suspeitar que todos os trabalhadores estão a fazer um mau trabalho. Os sistemas de controlo modernos medem a responsabilidade, não a irresponsabilidade.

Quanto melhor for o planeamento, mais padrões estarão disponíveis para comparar o desempenho. Os sistemas contabilísticos modernos registam não só as despesas, mas também as decisões. A primeira entrada pode ser uma estimativa do custo do trabalho, a seguinte um orçamento. O orçamento é dividido em programas de atividade baseados no tempo. Quando uma encomenda é efectuada, o valor desta decisão é reconhecido como uma despesa. O sistema contabilístico indica o montante de cada rubrica orçamental que ainda não foi autorizado. O sistema contabilístico regista então as acções resultantes das obrigações contratuais: A aceitação da entrega dos bens, a receção das facturas e o pagamento efetivo. Assim, os sistemas contabilísticos modernos registam todas as decisões financeiramente relevantes.

No antigo sistema contabilístico, apenas se registavam as receitas e as despesas e o excesso ou a falta de despesas só era visível muito tempo depois de terem sido tomadas as decisões reais que causaram os problemas. Estes sistemas contabilísticos oferecem poucas vantagens aos gestores. Quando as contas modernas registam as decisões que conduzem às transacções financeiras, fornecem aos gestores informações valiosas para controlar as decisões à medida que estas são tomadas. A função de controlo alimenta diretamente o planeamento e o replaneamento.

Na cidade, podemos distinguir três arenas diferentes de controlo. A primeira é o controlo na arena *política*. Os políticos preparam planos que se tornam compromissos políticos. O público olha para o seu desempenho. "O governo é responsável perante o povo", como diz o ditado. Na maioria dos países, os governos municipais são responsáveis não só perante o povo, mas também perante um nível superior de governo, como o governo estadual ou o presidente. O sistema de controlo político da administração local inclui a medição do desempenho, a contabilidade e a apresentação de relatórios à população e aos níveis superiores de governo. Se o desempenho não corresponder às expectativas, o sistema político exige uma mudança.

A segunda área de controlo na cidade é o controlo do cumprimento dos *regulamentos*. É de esperar um nível mais elevado de desobediência civil na cidade do que nas organizações voluntárias, porque a adesão à cidade não está limitada da mesma forma. A cidade precisa de guardas, polícias e procuradores para proteger os cidadãos, para patrulhar e apanhar os infractores e para os disciplinar eficazmente.

O terceiro domínio de controlo da cidade é a *justiça*. A cidade deve não só atuar com justiça, mas também institucionalizar um processo que a garanta.

Os três domínios de controlo têm um impacto no processo de gestão. O controlo na gestão urbana é diferente do controlo na gestão geral. Na gestão geral, o controlo afecta o ciclo seguinte de planeamento. Na cidade, o controlo afecta primeiro o ciclo seguinte de organização e depois o planeamento. Quando a responsabilidade política é inaceitável, o governo, os partidos políticos e os grupos de pressão realinham-se e reorganizam-se. Quando um crime é descoberto e um criminoso é apanhado, a sociedade reorganiza-se restringindo-o de alguma forma. Quando se descobre uma injustiça, são feitos novos acordos no seio das organizações ou entre elas.

Aprender com a teoria da gestão

Quando as organizações são geridas, os gestores planeiam, organizam, empregam pessoal, dirigem e controlam. Estas são as cinco funções da gestão na sua ordem cronológica clássica. A gestão da cidade começa por "personalizar" a cidade, depois controla, organiza, planeia e dirige, ou mais precisamente, desempenha todas estas funções a todo o momento. A "personalização" da cidade é um processo contínuo, enquanto houver bebés e migrantes, e é largamente independente das outras funções. O processo político começa com o feedback sobre as necessidades e os desejos da cidade. Este é o controlo, a avaliação da situação, com base na qual as políticas são organizadas nos ciclos eleitorais e os planos são feitos nos ciclos de planeamento. As cidades começam com pessoal, depois têm de organizar, gerir, controlar e planear!

Os gestores são facilmente enganados por planos, regras, procedimentos, actividades, controlos e pelas suas próprias necessidades pessoais. O conhecimento das funções de gestão pouco ajuda o gestor a concentrar-se no comportamento correto. A gestão moderna prefere definir o comportamento de liderança adequado para dar aos gestores orientações sobre o que fazer em diferentes situações. Um dos teóricos mais conhecidos dos últimos tempos é Tom Peters, autor de *The Search for Excellence* e *A Passion for Excellence,* cujas recomendações de ação incluem

- Defina tarefas claras e simples para cada empregado com base nas suas competências e vontade de aprender. Comunicar claramente as expectativas.
- Exigir resultados e dar às pessoas a certeza de que criaram algo valioso.
- Aumentar as competências através de orientação e formação.
- Aumentar os padrões de acordo com as capacidades melhoradas e esperar resultados de qualidade.
- Motivar e recompensar o bom desempenho.
- Desafiar os gestores a manterem a sua posição não só através do desempenho, mas também através da melhoria do seu desempenho

Não existe uma receita secreta para fazer sempre bem estas coisas. Espera-se que os gestores sejam inovadores, experimentem formas diferentes de alcançar resultados e monitorizem sempre a eficácia. Devem ser autorizados a cometer erros para aprenderem com eles. Estes princípios de Tom Peters são claramente aplicáveis à gestão das cidades.

5.5 Cidade perversa

A forma como as organizações se comportam mal é uma fonte de conselhos humorísticos mas instrutivos, porque, em muitos aspectos, as organizações são inerentemente perversas no seu comportamento. Pedi à minha dactilógrafa para escrever a Lei de Murphy, e ela escreveu:

O que pode correr mal, correrá mal.

O Princípio de Pedro diz:

Uma pessoa é promovida ao nível da sua incompetência.

Sabemos que isto não se aplica aos membros do género feminino, que raramente são promovidos de acordo com a sua competência.

Murphy e Peter tiraram as suas conclusões a partir das suas observações. Há vários livros que tratam da tendência das organizações e das nações para falharem. John Gall escreveu um livro sobre como as organizações se comportam mal. A lista em anexo mostra algumas das formas como ele acredita que as organizações se comportam mal. Estas podem aplicar-se a qualquer cidade. Estas podem aplicar-se a qualquer cidade. A sua conclusão geral foi a seguinte:

Nada de complicado funciona

Já não é assim. Para que a tecnologia seja fácil de utilizar pelas pessoas, a própria tecnologia tem de ser muito complexa e capaz de corrigir os seus próprios erros.

No entanto, concordaremos com os seus teoremas organizacionais básicos:

Novos sistemas criam novos problemas

Sistemas complicados conduzem a resultados inesperados

O comportamento global de grandes sistemas não pode ser previsto.

Isto aplica-se tanto a programas informáticos complexos, como o Windows 10, como a organizações, como os novos partidos políticos. As novas organizações criam problemas novos, inesperados e imprevistos.

Nas organizações, incluindo as organizações sociais, os partidos políticos ou a força de trabalho, as forças concorrentes crescem e algumas destas forças acabam por contradizer os objectivos pretendidos ou globais do sistema. O sistema foi criado para funcionar de uma determinada forma e continuará a funcionar dessa forma mesmo que tenha de mudar, a menos que a necessidade de mudança seja reconhecida e que alguém na organização possa iniciar a mudança sem ser expulso como um rebelde.

As pessoas numa organização estão muito mais conscientes das relações que mantêm entre si do que das suas relações com as partes externas. Apenas alguns processos de uma organização têm ligações externas significativas, e há muitos mais processos internos que necessitam cada um dos seus objectivos internos, e estes processos mais gerais parecem ser mais importantes para os membros da organização do que as ligações externas, apesar de serem essenciais para os objectivos da organização.

Veja-se a burocracia que foi criada para a manutenção dos canais de irrigação. Essa burocracia estabelece procedimentos padronizados. Quando a cidade se expande para as áreas irrigadas que já não precisam de ser irrigadas, a cidade precisa de um sistema de esgotos para drenar a água da chuva. Mas a burocracia da irrigação pode continuar a funcionar e não pára por si mesma, mesmo que não produza quaisquer resultados relevantes. Porque é que uma burocracia de irrigação continuaria a gerir os canais da cidade após várias décadas e a ignorar as necessidades da cidade? É suposto os relatórios mostrarem quando é necessário tomar medidas correctivas. Mas os incentivos internos de uma organização motivam os redactores dos relatórios a encobrir a verdade ou a relatar tantas trivialidades que ninguém lê o relatório para descobrir a verdade. O Banco Mundial e outras organizações internacionais exigem frequentemente que os relatórios sejam escritos numa língua que os principais decisores não conseguem ler.

Uma vez que existe um relatório, é mais provável que seja aceite do que a verdade. Uma enfermeira num hospital pode escrever as temperaturas nos cartões de índice que se encontram na extremidade da cama de cada doente. O estado deste cartão, mais do que o estado do doente, pode determinar a forma como lhe é administrada a medicação. Até à moderna tecnologia informática, a maioria dos sistemas complexos simplesmente crescia e crescia. Os sistemas que foram projectados para serem complexos desde o início são propensos a problemas complexos. E as soluções para estes problemas também são normalmente complexas. Sem uma compreensão completa do todo, é fácil simplesmente deslocar o problema em vez de o resolver. Tal como acontece com o alargamento das estradas, que apenas transfere o congestionamento, a perversidade é omnipresente na cidade perversa. Em casos extremos, os inimigos lutam entre si até a cidade ser destruída. Mesmo na menor perversidade, há criminosos e opositores da justiça, intolerância e falta de respeito. Na maioria das vezes, as cidades conseguem lidar com um elevado nível de perversidade. Mesmo em casos extremos, as pessoas regressam a uma cidade destruída e tentam reconstruir as suas vidas.

Se o gestor municipal olhar conscientemente para a cidade como uma organização que tende a cometer erros, será capaz de ver que a cidade comete erros de muitas maneiras, e as cidades maiores podem cometer erros em maior grau ainda. A informação que recolhemos sobre a cidade é, muito provavelmente, incorrecta, podendo mesmo ser concebida por alguém para enganar ou tornar difícil a sua compreensão. Os objectivos estabelecidos pelos sistemas municipais são muito provavelmente diferentes dos objectivos necessários para o desenvolvimento e o crescimento a longo prazo. Os sistemas de governo da cidade podem até entrar em conflito com o bem da cidade a longo prazo. E algumas partes da cidade resistirão sempre à mudança necessária. Como disse Gall:

> Em sistemas complexos, as anomalias e até mesmo a falha total não podem ser reconhecidas durante longos períodos de tempo, se é que o são.

Não há como escapar à complexidade das cidades e das suas administrações. Estas exigem uma nova compreensão da importância da simplicidade. A complexidade aumenta quando tentamos impor uma solução fixa (a que podemos chamar solução simples) a uma situação complexa e dinâmica. As soluções padronizadas criam demasiadas excepções que não são detectáveis nem mensuráveis.

Uma solução verdadeiramente simples para um problema da cidade requer um nível adequado de complexidade ou uma ligação flexível que se possa adaptar. Há uma lição a aprender com os mercados informais e com a vitalidade da vida nas cidades. Esta lição é aplicável à forma como os gestores devem gerir as suas cidades e, no livro de John Gall, é designada por "Regra da Empresa":

> Os sistemas soltos duram mais tempo e funcionam melhor.

Capítulo 6

A gestão urbana como projeto[6]

Enquanto a teoria da gestão se refere principalmente a organizações em curso, a disciplina mais recente da gestão de projectos aplica-se a situações em que a mudança constante é dirigida para um objetivo. Pode ser definida da seguinte forma:

> A gestão de projectos é a arte de gerir um projeto único, desde o início, onde são definidos objectivos específicos, até ao fim, onde esses objectivos são alcançados. [7]

É claro que a cidade não é um projeto, porque o seu trabalho nunca está terminado. Mas um dirigente eleito pode muito bem encarar o seu mandato como um projeto, porque vê um empreendimento singular em que fixou objectivos a atingir até ao fim do seu mandato. A presidente da câmara e os seus altos funcionários não gerem as coisas, deixam a administração pura e simples para os funcionários inferiores. A sua função é melhorar a cidade, liderando a melhoria dos serviços que a cidade presta aos cidadãos.

Uma caraterística especial dos projectos é a seguinte:

> Um projeto é dirigido por uma pessoa que tem uma responsabilidade que ultrapassa a sua autoridade. Independentemente de as pessoas, as técnicas ou os materiais necessários para um projeto estarem ou não sob o seu comando à partida, ele deve estabelecer a sua autoridade para atingir os objectivos do projeto.

É claro que isto também se aplica ao Presidente da Câmara. Podemos dizer:

> Um presidente de câmara tem uma responsabilidade maior do que aquela a que tem direito de liderar a sua cidade. Quer tenha ou não as pessoas, as técnicas ou os materiais necessários à sua disposição quando é eleito, deve expandir os seus poderes para atingir os objectivos em que está politicamente empenhado, coordenando-se com os membros eleitos do conselho, os burocratas nomeados e as partes interessadas.

Outra caraterística dos projectos é que o trabalho só é repetido de forma limitada e as condições estão em constante mudança. Mesmo quando as acções são repetidas, normalmente são-no num novo local e de uma forma diferente. Quase todos os dias, num projeto, há uma mudança na forma de trabalhar, na estrutura organizacional, nas descrições de funções e nos procedimentos.

O bom presidente da câmara deixa o trabalho normalizado para a sua administração. Concentra-se na gestão da mudança.

O Project Management Institute descreve os processos de gestão de projectos no seu Project Management Body of Knowledge (PMBOK). Vejamos como estes processos podem ajudar um presidente de câmara a liderar a mudança na sua cidade durante o seu

---

[6] Este capítulo é baseado no artigo do autor com o mesmo título no Project Management World Journal Vol. VI, Issue VII julho de 2017

[7] Esta definição e a seguinte foram retiradas de notas que tomei em palestras do conhecido especialista e académico em gestão de projectos Allan Stretton, que foi meu professor de gestão da construção na UNSW em 1968-9, e que posteriormente utilizei no meu próprio ensino de gestão de projectos. O Project Management Institute define um projeto como um esforço limitado no tempo destinado a criar um produto, serviço ou resultado único.

mandato.

6.1 PMBOK

Desde o início até à conclusão, os projectos passam por várias fases. Esta evolução é frequentemente designada por "ciclo do projeto", embora não seja um ciclo, uma vez que os projectos param. Nas versões anteriores do PMBOK, as fases do projeto eram definidas: Iniciação, Planeamento, Execução e Colocação em funcionamento. Isto implicava que os projectos se desenrolavam em etapas individuais, quando, na realidade, a iniciação passa para o planeamento, o planeamento continua a todo o momento e tudo é implementado. Cada uma destas fases varia à medida que os trabalhos avançam. Na última edição do PMBOK, as "fases" são substituídas por "grupos de processos", o que corresponde a isto.

O primeiro grupo de processos do PMBOK é o *grupo de processos de iniciação,* em que é definido o âmbito inicial de um projeto proposto, é autorizado o financiamento inicial e é nomeada uma pessoa responsável.

O segundo grupo de processos do PMBOK é o *grupo de processos de Planeamento.* Quando um gestor é designado para liderar o projeto, normalmente planeia estratégias para atingir os objectivos do projeto, examina os potenciais impactos ambientais e os meios para os resolver, as estimativas de custos e as potenciais fontes de financiamento, muitas vezes acompanhadas de planos para conceitos de marketing e, finalmente, uma definição detalhada do âmbito do trabalho e um plano de ação para a sua implementação. O planeamento estratégico inicial é seguido de um planeamento mais pormenorizado. O planeamento do projeto é geralmente atribuído a peritos que desenvolvem a conceção em duas fases: em primeiro lugar, o planeamento concetual, em que é definido um produto para atingir o objetivo do projeto, é determinada a qualidade e são elaborados um orçamento e um calendário. Após aprovação, numa segunda fase, são elaborados o projeto detalhado e os documentos contratuais para fornecedores e empreiteiros.

O terceiro grupo de processos do PMBOK é a *execução.* Normalmente, consiste na apresentação de propostas, adjudicação do contrato, entrega e instalação, bem como no acompanhamento até à conclusão, embora existam várias formas alternativas de realizar o trabalho do projeto.

O quarto grupo de processos do PMBOK é o *comissionamento, ou seja,* testar o produto criado no âmbito do projeto e entregá-lo aos utilizadores, familiarizando-os com a utilização do produto. Pode também exigir o lançamento no mercado, campanhas publicitárias, formação do pessoal de vendas e de apoio e, naturalmente, a correção de defeitos.

O PMBOK define um quinto grupo de processos para a *monitorização e o controlo.* Ao longo do processo de iniciação, planeamento, execução e colocação em funcionamento de um projeto, o gestor de projeto monitoriza e controla, fornecendo feedback para garantir que os objectivos são atingidos e que os impactos negativos são minimizados.

Após a definição das áreas de processo, o PMBOK define uma série de *áreas de conhecimento*, que são resumidas nas secções seguintes.

A primeira área de conhecimento é a *gestão da integração do projeto.* O gestor do projeto deve possuir competências e conhecimentos sobre os processos de iniciação, planeamento, execução, colocação em funcionamento e controlo necessários para garantir que tudo está integrado e que cada parte contribui para alcançar os objectivos do projeto.

A segunda área de conhecimento é a *gestão do âmbito do projeto*. Os gestores de projectos devem ser competentes para garantir que todos os esforços necessários para atingir os objectivos são feitos e que nada é esquecido, evitando trabalho desnecessário. À medida que o projeto avança, o âmbito é definido e o trabalho é dividido em partes numa estrutura de repartição do trabalho.

Gestão do tempo do projeto: O gestor do projeto deve saber como organizar o tempo de modo a que os recursos estejam disponíveis a tempo e os participantes possam trabalhar a tempo. Também precisa de saber como as actividades são interdependentes, em particular quais as actividades que são pré-requisitos para outras actividades, e precisa de saber até que ponto o calendário deve ser flexível para permitir acontecimentos fora do seu controlo. Também precisa de estabelecer marcos em relação aos quais possa medir os progressos.

A gestão dos custos do projeto é mais do que apenas garantir recursos financeiros, pagamentos atempados e uma contabilidade adequada. O gestor de projectos tem de saber como fornecer o melhor valor ao cliente e como utilizar os relatórios financeiros como base para a prestação de contas.

Gestão da qualidade no projeto: O gestor do projeto deve saber como garantir que a qualidade adequada é selecionada, definida, alcançada e controlada.

A gestão dos recursos humanos na maioria dos projectos é muito diferente da gestão empresarial ou administrativa, porque as pessoas que trabalham nos projectos e as suas relações estão em constante mudança. O gestor do projeto utiliza procedimentos e competências especializados para esta mudança constante, a fim de garantir que os trabalhadores tenham um bom desempenho, que as suas competências sejam utilizadas de forma adequada, que sejam tratados corretamente e que possam melhorar as suas competências trabalhando na equipa do projeto.

Gerir a comunicação do projeto: A comunicação é a base da colaboração necessária para realizar uma reunião ou transportar uma vidraça. Quanto maior for a incerteza sobre a situação e a necessidade, mais importante é uma comunicação eficaz e a vontade de colaborar. O gestor do projeto deve ser capaz de gerir a comunicação verbal, escrita e gráfica e garantir que todas as partes têm um entendimento comum dos requisitos e condições e que fornecem informações e respondem aos pedidos.

Gestão de riscos para projectos: Há muitas coisas que podem correr mal nos projectos. Os gestores de projectos estão sempre atentos aos sinais de problemas, verificando constantemente as contingências e as medidas alternativas. São impacientes para finalizar as acções antes de ocorrer um problema, uma vez que isso faz parte do seu plano para evitar problemas. E quando ocorre um problema, concentram-se na segurança, limitando a propagação dos danos e a reparação. E investigam a causa dos danos para efetuar as alterações necessárias para evitar que voltem a ocorrer.

Gestão das aquisições do projeto: Grande parte do trabalho do projeto pode ser subcontratado a outras partes. O gestor do projeto é responsável pelas estratégias e planos de aquisição, identificando potenciais fornecedores, preparando pacotes de contratos, seleccionando o que promete oferecer o melhor valor global e negociando, se necessário. O trabalho dos empreiteiros é então monitorizado e supervisionado até à sua conclusão.

A última área de conhecimento do PMBOK é a *gestão das partes interessadas no projeto*. As partes interessadas são os indivíduos, grupos ou organizações que podem ter impacto ou ser afectados por um aspeto do projeto. Os gestores de projectos precisam de compreender os seus interesses, empenho, dependências, influência e potencial impacto no sucesso do projeto, a fim de planear, implementar e controlar o seu envolvimento.

Em versões anteriores do PMBOK, foram definidas outras áreas de conhecimento que podemos considerar relevantes para a gestão de cidades:

A gestão do conhecimento é a criação de informação, o seu armazenamento, divulgação, reacções ao conhecimento e feedback. Uma boa gestão dos conhecimentos limita o desperdício de esforços, acelera o progresso, aumenta as capacidades e assegura a sustentabilidade. Os gestores de projectos dispõem de sistemas para recolher, rever, armazenar, disponibilizar, comunicar, analisar e utilizar a informação.

A gestão de recursos e tecnologias refere-se à gestão de materiais, equipamentos e instalações, bem como à tecnologia dos processos aplicados aos recursos para atingir os objectivos do projeto. Na construção, refere-se ao fabrico, manuseamento e colocação de materiais e componentes de construção. A gestão da tecnologia exige uma inovação constante. Os artesãos inovam para poderem trabalhar com competência em qualquer situação nova. A inovação permite-nos construir edifícios maiores, mais rápidos e mais seguros. Os gestores de projectos consultam e negoceiam com peritos para garantir o êxito da inovação tecnológica. Podem experimentar, testar e trazer especialistas ainda melhores.

Gestão e logística do local: Um dos aspectos da gestão de materiais e tecnologias é a gestão e a logística do local, ou seja, o planeamento, o mapeamento e a programação do movimento e da colocação dos recursos, desde o local onde se encontram quando são adquiridos até ao local onde são entregues e depois armazenados e manuseados até serem transferidos para a sua localização final nos trabalhos do projeto ou removidos.

Gestão ambiental: Os projectos de qualquer tipo têm um impacto dinâmico e duradouro no ambiente existente. Os projectos de construção deixam lama nas estradas, causam congestionamento de tráfego perto dos locais de construção e as máquinas produzem ruído. A construção pode alterar os padrões de inundação, os padrões de vento e os padrões de sombra. A gestão ambiental não elimina os impactos, porque o objetivo de todos os projectos é ter impactos. A gestão ambiental controla os impactos, estabelece limites para os impactos indesejáveis e adapta os processos do projeto para satisfazer as necessidades e as normas.

Gestão jurídica: Os projectos são limitados por leis, regulamentos e normas. E os gestores de projectos criam o seu próprio quadro jurídico através de contratos. A gestão jurídica determina quais as leis, regulamentos, normas e condições contratuais aplicáveis, como devem ser interpretados e como devem ser cumpridos. Um bom gestor de projectos reconhece as contradições nos contratos e esclarece-as antes de surgirem potenciais conflitos. Se o controlo do projeto identificar violações, o gestor do projeto utiliza o processo de gestão jurídica para determinar as respostas e resolver os litígios.

6.2 Gestão do projeto da cidade

Embora a responsabilidade de um presidente de câmara tenha muito em comum com a de um gestor de projectos, existem diferenças importantes entre a gestão da cidade e a gestão de projectos. Os projectos começam e acabam enquanto a cidade continua a funcionar após o termo do mandato do presidente da câmara.

A população que trabalha num projeto é selecionada e muda constantemente, e os trabalhadores vêm para o projeto todos os dias e regressam a casa após um dia de trabalho. Comprometem-se a servir o gestor de projeto até o seu trabalho no projeto estar terminado e depois partem para trabalhar noutro projeto. Mas a população de uma cidade é toda a gente, não há processo de seleção. Trabalham na cidade, divertem-se na cidade e vão para casa na cidade todos os dias. Estão comprometidos com a cidade, mas não necessariamente com o presidente da câmara. A forma como todos os cidadãos de uma cidade encontram o seu lugar na cidade é um fator que coloca grandes exigências ao presidente da câmara da cidade.

A cidade não é um projeto, mas podemos mostrar que o presidente da câmara da cidade tem muito em comum com um gestor de projectos. Isto porque implementará as mudanças que promete aos seus cidadãos através de projectos de investimento e reforma ao longo de um período de tempo. Por defeito, também está empenhada em manter os programas e serviços que existiam antes de ser eleita, a menos que tenha prometido não os manter. Por conseguinte, alguns dos esforços da Presidente da Câmara podem ser comparados à gestão de projectos e outros à supervisão de programas em curso.

Para apoiar as suas reformas e novos investimentos, podemos agora explorar um Corpo de Conhecimento de Gestão Urbana, que aqui designarei por UMBOK, e considerar as semelhanças e diferenças entre a gestão de uma cidade e a gestão de um projeto, tal como descrito no PMBOK.[8]

Grupos de processos

Eu aplico os grupos de processos do PMBOK ao UMBOK. Se considerarmos o mandato de um presidente de câmara como um projeto, o *início* começa muito antes da sua tomada de posse. Começa quando os partidos políticos decidem concorrer a uma eleição, nomeiam alguém como seu candidato e estabelecem as principais promessas de campanha. Continua durante a campanha e a transição até à tomada de posse do candidato vencedor. E a tomada de posse pode ter de ser repetida se o presidente da câmara for acusado de corrupção (ou talvez de blasfémia).

O planeamento começa com a preparação das promessas eleitorais. Quando o novo presidente da câmara toma posse, já está bastante avançado no seu planeamento estratégico, mas só quando toma posse é que começa a planear formalmente com os seus funcionários superiores e depois com o parlamento local. É necessário determinar como pode alcançar o máximo possível durante o seu mandato, preparando novas políticas e traduzindo-as em programas pormenorizados. E, no final do seu mandato, poderá candidatar-se a um novo mandato, mas assegurará certamente que as suas realizações sejam institucionalizadas para que quem lhe suceder possa continuar o seu legado para os cidadãos.

A execução é gerida pela sua burocracia. Porque há sempre incertezas, os planos de reforma e de novos investimentos da Presidente da Câmara, bem como os programas em curso que herdou da administração anterior, nunca são totalmente adequados às circunstâncias em mudança. Podem ocorrer inundações, greves e conflitos que exigem

[8] O PMBOK é um dos mais antigos Corpos de Conhecimento, e existem atualmente muitos. Uma pesquisa no Google leva-nos ao CMBOK para a gestão de contratos, ao HCMBOK para a gestão da mudança humana e a muitos outros. A ideia de adaptar o PMBOK às questões urbanas não é nova: existem propostas para um BOK de desenho urbano e um BOK de arquitetura. No entanto, não consegui encontrar nenhum esforço anterior para elaborar o PMBOK para um BOK de gestão urbana ou de gestão de cidades.

atenção urgente. Para *manter* a situação sob controlo, as condições devem ser constantemente monitorizadas e o plano continuamente ajustado para ter em conta estas incertezas.

Por conseguinte, o planeamento e o acompanhamento devem estar estreitamente ligados, especialmente em tempos de agitação, catástrofes e rápido crescimento urbano. A proximidade com os cidadãos é uma condição essencial para o controlo do impacto das políticas. A presidente da câmara e os seus principais conselheiros devem estar próximos da população e dos seus diferentes representantes, ouvindo e compreendendo as suas necessidades, a fim de propor ajustamentos aos planos quando necessário. Durante o seu mandato, a Presidente da Câmara concentrar-se-á nos grupos de processos de planeamento, acompanhamento e adaptação dos planos para garantir o seu sucesso.

Domínios de conhecimento

A ordem das áreas de conhecimento no PMBOK reflecte as prioridades dos gestores de projectos. As prioridades dos presidentes de câmara não são as mesmas, pelo que a diferença mais evidente entre o PMBOK e o meu hipotético UMBOK é a ordem das áreas de conhecimento, que reorganizei da seguinte forma. Formei dois grupos, o primeiro constituído pelas áreas que se relacionam com a forma como o presidente da câmara gere a sua cidade e a administração da cidade, e o segundo pelas áreas que se relacionam com a forma como gere os esforços para implementar a sua política de mudança.

Os meus *processos de liderança na cidade* incluem a gestão das partes interessadas, a gestão do âmbito e da integração, a gestão do conhecimento, a gestão da comunicação e a gestão do risco. Abordo cada uma destas áreas em subcapítulos separados abaixo. Os meus *processos de gestão da mudança urbana abrangem* algumas áreas que foram retiradas do atual PMBOK e outras que estão incluídas. Abordo-as brevemente na penúltima subsecção antes de fazer uma observação final.

6.3 Envolvimento das partes interessadas

No PMBOK, a gestão do envolvimento das partes interessadas está em último lugar. O UMBOK deveria colocá-la em primeiro lugar, especialmente como a área mais importante da gestão da cidade. Toda a gente na cidade é uma parte interessada. O Presidente da Câmara eleito vem do povo e foi eleito pelo povo para o povo. Como líder político, esforça-se por promover o bem-estar das pessoas, minimizar os impactos negativos e resolver os conflitos.

Tal como o gestor do projeto, ela assumiu uma responsabilidade que ultrapassa as suas competências de chefe da administração municipal. Está dependente da negociação do apoio do parlamento e da população. A gestão das partes interessadas dá-lhe a oportunidade de saber o que pode fazer pela população e de fazer com que as coisas sejam feitas por pessoas sobre as quais não tem autoridade.

Na minha proposta de UMBOK, a gestão das partes interessadas inclui os quatro processos seguintes:

Identificação das partes interessadas

Todos na cidade são partes interessadas, a maioria de nós em mais do que um aspeto do programa do Presidente da Câmara para a cidade. Propomos um sistema de classificação para todas as partes interessadas, que podem pertencer a uma ou mais de seis categorias de partes interessadas, tal como se apresenta nos parágrafos seguintes.

Partes interessadas de interesse público. São os beneficiários dos bens e serviços públicos e os cidadãos que são afectados por eles. Assim, cada um é parte interessada em cada um dos interesses públicos de que depende ou pelos quais é afetado, e é parte interessada em cada domínio de interesse público que a Presidente da Câmara inclui no seu programa de reformas.

Os actores de interesse público não são apenas aqueles que são motivados a reclamar, embora o presidente da câmara moderno facilite a qualquer pessoa insatisfeita reclamar e a qualquer pessoa com ideias sugerir melhorias.

Permitam-me que vos dê dois exemplos. Os condutores que passam pelos semáforos quando estes estão verdes são os beneficiários dos semáforos, e aqueles que param nos semáforos vermelhos são afectados por eles. O mesmo se aplica àqueles que passam o sinal vermelho. Todos os automobilistas que circulam neste cruzamento serão afectados pelo projeto do Presidente da Câmara de construir um viaduto. É mais difícil para a Presidente da Câmara comunicar com as partes interessadas de interesse público, mas os especialistas podem ajudá-la a resolver os problemas de gestão do tráfego.

As crianças que frequentam a escola são os beneficiários do ensino, que em muitos países é gerido pelo município. Os pais, os empregadores dos diplomados, os vizinhos das instalações da escola e os transeuntes que deixam os alunos depois da escola são todos afectados pela escola. Todos eles podem ser afectados pelo programa do presidente da câmara para melhorar o bem-estar dos alunos. O programa pode envolver amostras de partes interessadas e vários representantes das partes interessadas para obter contributos para a conceção do seu programa e para controlar a sua execução.

Representantes do interesse público. Na prática, existem simplesmente demasiados grupos de interesse para que a Presidente da Câmara e a sua equipa política os ouçam a todos, e é mais provável que negoceiem com representantes do que com as próprias pessoas. Os representantes do interesse público são pessoas que representam grupos de interessados em questões de interesse público comum. Os patrões dos sindicatos representam os trabalhadores, as organizações anti-corrupção representam o interesse público num governo limpo, os líderes comunitários representam grupos em questões sociais, as associações comerciais representam vários grupos empresariais. Alguns grupos chegam a acordo sobre quem os deve representar, outros o Presidente da Câmara terá de os encontrar.

A vantagem de consultar os representantes é que o número de vozes que têm de ser ouvidas é significativamente reduzido. Mas o trabalho com representantes também comporta riscos. O risco mais comum é a filtragem, uma vez que algumas contribuições potencialmente importantes são sempre filtradas juntamente com contribuições triviais e repetitivas.

Alguns erros de filtragem podem ser causados pela estrutura dos processos. Muitos deputados não dispõem dos recursos necessários para obter os pontos de vista das suas comunidades sobre as questões políticas em análise. E os membros dos parlamentos locais, eleitos para representar a população dos seus círculos eleitorais, representam sobretudo os seus partidos.

A causa da falha de filtragem pode ser a incompetência. As pessoas são nomeadas como representantes com base nos seus conhecimentos especializados numa determinada área, mas a questão política em debate pode exigir conhecimentos especializados fora dessa área.

No entanto, os riscos mais perigosos de fracasso da representação são, de longe, a distração e a captura. Um representante pode distrair-se dos interesses daqueles que representa para promover os seus próprios interesses ou os interesses de outro grupo. Um representante pode também ser capaz de capturar o processo deliberativo para os interesses do seu grupo em vez de trabalhar no interesse de toda a comunidade.

Parceiros na definição de políticas. Certas partes têm um papel legítimo na elaboração de políticas, quer representem ou não o interesse público. Chamo-lhes parceiros na elaboração de políticas. Os níveis mais elevados de governo (federal, provincial ou estatal) são esses parceiros, uma vez que têm de criar o quadro regulamentar da cidade, fornecer financiamento, efetuar a supervisão e dar o seu contributo ou aprovação em muitas questões. O parlamento da cidade é um parceiro na formulação de leis e na aprovação de orçamentos. O partido político do presidente da câmara, o seu patrono e os seus parceiros de coligação apoiam-no. E a própria administração do presidente da câmara propõe e redige políticas para ele.

O Presidente da Câmara terá especial cuidado em garantir que as contribuições dos parceiros políticos sejam tidas em conta, assegurando simultaneamente que os outros interessados sejam ouvidos e que as suas contribuições sejam tidas em conta. Reconhecerá que os parceiros políticos têm demasiada facilidade em dominar o processo das partes interessadas. O envolvimento das partes interessadas deve garantir que estes actores privilegiados não definam a agenda política, mas que ouçam e defendam a causa de todos.

Outras agências governamentais. A maioria dos cidadãos aceita o papel das organizações não governamentais na regulação das suas vidas. As organizações autónomas incluem religiões, grupos empresariais, organizações de proteção de bairro, associações de aldeia, organizações de pais e professores, escuteiros e serviços voluntários de busca e salvamento.

O princípio da subsidiariedade estabelece que as questões devem ser tratadas pela autoridade competente mais pequena, mais baixa ou menos centralizada. Isto inclui o conceito de que o município não deve fazer o que os organismos autónomos da comunidade são capazes de fazer. O papel dos organismos autónomos no envolvimento dos interessados não é apenas participar nas deliberações políticas, mas também governar os seus círculos eleitorais em vez do governo, sempre que possível.

O Presidente da Câmara esforçar-se-á por apoiar o papel dos organismos autónomos através de regulamentos que também protejam os direitos dos cidadãos.

Os peritos e líderes de opinião são as pessoas que interpretam a informação sobre determinados temas. Estes incluem académicos, investigadores de opinião e os meios de comunicação social. Podem fornecer análises independentes e neutras ou tomar uma posição sobre questões específicas. O Presidente da Câmara tem todo o interesse em avaliar as suas competências em matéria de análise e interpretação da opinião pública e ouvirá uma variedade de opiniões.

Os meios de comunicação social desempenham um papel importante, uma vez que raramente participam diretamente nas consultas às partes interessadas, mas apresentam ao público tanto notícias sobre o envolvimento das partes interessadas como artigos sobre opiniões. Os meios de comunicação social também podem desempenhar um papel importante na formação da opinião sem qualquer ligação reconhecível a conhecimentos especializados.

Os prestadores de serviços públicos são aqueles que colaboram com o município na prestação de serviços. As escolas públicas, as empresas de construção de escolas, as empresas de autocarros escolares e os fornecedores de livros são exemplos de partes interessadas envolvidas na prestação do ensino básico. Os prestadores de serviços públicos desempenham um papel importante no aconselhamento do município sobre a forma de melhorar a qualidade dos serviços públicos, mas também têm interesse em manter o status quo. A Presidente da Câmara terá todo o interesse em que a sua equipa política mantenha uma ligação positiva com eles, para que contribuam para a mudança.

Gestão do envolvimento das partes interessadas

Uma vez que diferentes decisões políticas afectam diferentes cidadãos de diferentes formas, a Presidente da Câmara delegará a maior parte da sua gestão de partes interessadas nas suas várias equipas de gestão de políticas e serviços municipais. Só se envolverá diretamente na gestão das partes interessadas quando considerar que é da maior importância para a sua posição de Presidente da Câmara ou para o êxito das suas políticas. No resto, manter-se-á atenta. Assim, a Presidente da Câmara inicia o seu envolvimento na gestão dos actores com o controlo. Acompanha as relações com os actores e adapta as orientações estratégicas que dá às suas equipas para lidar com os actores.

Ela saberá que o envolvimento dos interessados é dispendioso e arriscado. Perguntará frequentemente sobre o progresso do envolvimento dos interessados em questões políticas fundamentais e no seio dos grupos de interessados que mais lhe interessam. Terá todo o interesse em garantir que o processo de envolvimento dos interessados enriquece o seu planeamento e reflecte as suas ideias. Os seus mecanismos de controlo serão:

- n Fornecer informações que a ajudem a formular políticas mais inteligentes e a apoiar a administração a ter mais em conta os cidadãos da sua cidade e as suas necessidades
- n Informá-los dos progressos realizados na construção de um entendimento comum das questões e dos acordos sobre o caminho a seguir.

Também assegurará que o compromisso não fique fora de controlo. Os seus mecanismos de controlo ajudá-la-ão a fazê-lo:

nnR econhecer os problemas nas relações com as partes interessadas e encontrar possíveis soluções, especialmente para evitar a captura pelas partes que querem desviar a opinião ou que não representam os seus grupos de interesse.

Plano de gestão das partes interessadas

O planeamento da gestão das partes interessadas é a preparação do envolvimento das partes interessadas no planeamento dos serviços do conselho, a preparação do envolvimento na prestação desses serviços e a preparação do seu envolvimento na supervisão. O planeamento do envolvimento das partes interessadas é uma atividade contínua à medida que as estratégias são melhoradas e os planos de implementação vão desde a estratégia até à preparação de cada envolvimento (definição dos resultados desejados, criação da agenda, envio de convites) e planeamento do seguimento (actas das reuniões, comunicados de imprensa, respostas).

Os participantes nas consultas também são susceptíveis de preparar os seus próprios planos para as suas contribuições e expectativas. Uma ferramenta importante para gerir o envolvimento das partes interessadas é negociar um acordo com elas sobre o planeamento dos resultados pretendidos e das contribuições esperadas.

Gerir o envolvimento das partes interessadas

A gestão do envolvimento das partes interessadas consiste em comunicar e colaborar com as partes interessadas, solicitar os seus contributos e determinar o que é necessário para satisfazer as suas necessidades e expectativas, que, naturalmente, podem mudar durante o mandato do Presidente da Câmara. Embora a maior parte da gestão do envolvimento das partes interessadas seja da responsabilidade dos quadros superiores do Presidente da Câmara, este estará constantemente envolvido no envolvimento em questões prioritárias e com as partes interessadas prioritárias.

6.4 Gestão do âmbito e da integração

A primeira área de processo do PMBOK é a gestão da integração e a segunda é a gestão do âmbito. Estão intimamente ligadas. A gestão da integração garante que a equipa do projeto trabalha em conjunto e a gestão do âmbito mantém a equipa no caminho certo.

No meu UMBOK metafórico, resumo as duas e coloco-as imediatamente a seguir à gestão do envolvimento das partes interessadas. A gestão do âmbito e da integração tornam-se, em conjunto, a ferramenta do presidente da câmara para garantir que todas as partes na administração municipal trabalham em conjunto na sua agenda acordada. Esta combinação assegura aos cidadãos que o seu governo está a honrar as suas promessas.

A sua margem de manobra inicial será definida pelas suas promessas eleitorais de programas de reforma e de investimento. Gerirá este quadro integrando simultaneamente os esforços de todas as partes que trabalham nas suas prioridades. A Comissão ajustará o âmbito, acrescentando novos investimentos e ajustando as reformas de acordo com a evolução política e a capacidade orçamental, e ajustará a forma como os integra no esforço global, realinhando as relações, alterando os programas e redefinindo as tarefas e os papéis dos seus parceiros de trabalho, a fim de manter a capacidade do seu governo para cumprir a agenda global. Defino nove processos que se baseiam nos processos das duas áreas de processo do PMBOK.

Elaboração de uma carta política

Este é o processo de desenvolvimento e atualização de um documento formal que estabelece a agenda política do Presidente da Câmara. Pode também ser uma série de declarações formais. Basear-se-á nas análises das necessidades efectuadas com as partes interessadas no âmbito da preparação da campanha. O presidente da câmara irá elaborá-la e reconhecê-la formalmente após a sua eleição e depois actualizá-la conforme necessário durante o seu mandato. A aprovação da sua carta política permitir-lhe-á proceder à afetação dos recursos necessários à execução da sua agenda.

Planear a gestão do âmbito de aplicação.

O planeamento da gestão da área de tarefas consiste na criação e manutenção de um plano que enumera os documentos que o presidente da câmara deve ter preparado como base para a implementação da sua carta política durante o seu mandato. Este é o planeamento do planeamento. Inclui estratégias para alterar a sua agenda, se necessário, e estratégias para cada um dos processos de gestão de âmbito e integração descritos abaixo.

A presidente da câmara começa a sua gestão do âmbito antes do início da sua campanha política, em paralelo com a preparação da sua carta política, e continua a gestão do âmbito durante todo o seu mandato. E como planeia tudo, também continua a planear a sua gestão do âmbito.

Muitos documentos que definem o âmbito de aplicação são exigidos por lei e são preparados como parte da prática rotineira da administração e política da cidade: por exemplo, plataformas políticas, planos quinquenais, documentos de preparação do orçamento, orçamentos rotativos e documentos orçamentais pormenorizados. Os planos para a preparação destes planos estão incluídos na gestão do âmbito. No quadro destas regras e práticas, a nossa Presidente da Câmara terá o seu próprio estilo na gestão do âmbito e na apresentação dos benefícios que pretende proporcionar aos seus cidadãos através dos investimentos e reformas planeados.

O orçamento do município é o documento mais crítico e definitivo para definir o âmbito da ação. Abrange todos os programas do governo e não apenas os investimentos e reformas do Presidente da Câmara. O planeamento do Presidente da Câmara para gerir a margem de manobra deve tornar claro o modo como o programa de investimento e reforma do Presidente da Câmara se reflectirá no orçamento.

Preparação de documentos para definir o âmbito de aplicação

Trata-se do processo de elaboração de uma descrição pormenorizada do programa de reforma e de investimento do presidente da câmara, no âmbito dos documentos de planeamento do município. Todos os documentos que definem o mandato são produzidos com diferentes graus de participação dos interessados. Alguns são aprovados como documentos oficiais e juridicamente vinculativos, outros são politicamente vinculativos e outros assumem a forma de instruções para a burocracia.

Criar um plano de trabalho

O termo Work Breakdown Structure (WBS) tem origem na gestão de projectos e não é frequentemente utilizado na gestão urbana. Mas transmite um conceito importante para uma boa gestão da cidade. A estrutura analítica do trabalho é um processo no qual o trabalho da administração da cidade é dividido numa hierarquia de componentes geríveis: Portfólios, Programas, Projectos e Actividades.

O PEP para todas as actividades da administração municipal constitui a base para o planeamento do orçamento da cidade por unidades contabilísticas, programas, subprogramas e actividades. O PEP para as iniciativas do Presidente da Câmara deve ser claramente identificado no âmbito do PEP para todo o município, a fim de ligar as suas reformas e investimentos ao trabalho em curso do governo.

Desenvolvimento de planos de gestão da cidade

O desenvolvimento de planos de gestão da cidade consiste em definir, preparar e coordenar todos os planos subordinados da administração da cidade e de todas as suas instituições e partes interessadas e integrá-los num plano de gestão global compreensível, pelo menos na mente e para satisfação do presidente da câmara.

Os planos de gestão municipal estão subordinados ao orçamento. O primeiro nível dos planos de gestão municipal são os planos de execução orçamental, que são elaborados antes do início de cada novo exercício orçamental. Uma das actividades é a preparação dos planos de gestão para a preparação do orçamento do ano seguinte.

Os planos de gestão são geralmente elaborados em cascata a partir do orçamento para os planos de execução orçamental, para os planos organizacionais e de pessoal e para os planos de controlo. Vão desde os planos do chefe de cada unidade responsável, passando pelos gestores de programas e gestores de actividades, até aos planos de cada trabalhador. Vão desde os planos anuais aos planos trimestrais e aos planos para actividades e eventos individuais.

Os planos de gestão da cidade abrangem todo o trabalho da administração municipal. As reformas e os investimentos do nosso Presidente da Câmara devem ser claramente identificados nestes planos, para que lhe seja mais fácil dar conta dos progressos realizados.

Gestão e administração dos trabalhos

A Presidente da Câmara e os seus gestores de topo lideram e dirigem aqueles que trabalham para a autoridade local e gerem as tarefas definidas nos planos. A maior parte da literatura sobre gestão centra-se na liderança de pessoas e na gestão do trabalho, pelo que não vou abordar este assunto aqui.

Acompanhamento e controlo

A maior parte do acompanhamento e controlo da atividade governamental será delegada na administração do presidente da câmara. A própria presidente da câmara concentrar-se-á na obtenção de informações relevantes sobre o progresso da sua agenda, a fim de exercer um controlo eficaz.

Por conseguinte, estabelecerá e aplicará procedimentos para acompanhar e controlar o âmbito da sua agenda e a integração do trabalho realizado por muitas partes interessadas. Encarregará os membros da sua equipa de acompanhar, analisar e comunicar os progressos realizados em relação aos objectivos de desempenho definidos na carta política e nos planos de gestão da cidade, de modo a poder reagir como entender.

Alterar o controlo

O PMBOK inclui um processo denominado "Realizar o controlo integrado das alterações", que significa: analisar todos os pedidos de alteração dos resultados, da organização, dos activos, dos documentos do projeto e do plano de gestão do projeto, aprovar as alterações, controlar a execução das alterações e comunicar o resultado. Isto mostra a importância do controlo das alterações na gestão de projectos.

Já estabelecemos que a caraterística que distingue a Presidente da Câmara e a sua equipa política do resto da administração da cidade é que a Presidente da Câmara e a sua equipa política estão lá para introduzir mudanças. O nosso UMBOK também dará especial ênfase ao acompanhamento de todos os aspectos da mudança, tanto os que a Presidente da Câmara deseja introduzir como os que estão a ocorrer de qualquer forma:

Validação e transferência de responsabilidade

Trata-se do processo de reconhecimento formal e de "assinatura" das reformas e dos investimentos efectuados. Depois de se certificar de que as suas reformas, investimentos e outras mudanças estão concluídos e são eficazes, o Presidente da Câmara validá-los-á adequadamente como parte da sua responsabilidade perante o público. Em seguida, assegurará que a responsabilidade pela aplicação das reformas e pela utilização dos investimentos esteja nas mãos certas e devidamente registada.

6.5 Outros processos de gestão

Para além da gestão do envolvimento das partes interessadas e da gestão da integração do mandato, tal como acima referido, o presidente da câmara necessita de processos para comunicar instruções, pedidos e conhecimentos, a fim de exercer uma liderança eficaz.

A Wikipédia define a gestão do conhecimento como o processo de criação, partilha, utilização e gestão do conhecimento e da informação numa organização. [9]Alan Frost reduz a gestão do conhecimento a "fazer chegar o conhecimento certo à pessoa certa no momento certo". Isto implica uma grande sobreposição entre a gestão do conhecimento e a gestão da comunicação. Todas as actividades de gestão da cidade criam, utilizam e comunicam informação. Uma gestão eficaz do conhecimento e da comunicação poupa

[9] Ver http://www.knowledge-management-tools.net/

tempo, acelera o progresso, aumenta a eficiência e assegura a sustentabilidade.

Para a Presidente da Câmara, o conhecimento é poder e a comunicação é o exercício do poder. A forma como lida com eles é crucial para a sua liderança. A sua autoridade não se baseia apenas no facto de ter sido eleita, mas também no facto de ser *a autoridade*, a pessoa mais conhecedora dos assuntos da administração da sua cidade. Ela lidera pela forma como recolhe, investiga, analisa, questiona, compreende, partilha, utiliza e gere o conhecimento e, por conseguinte, como planeia e controla a gestão do conhecimento.

Tal como noutras áreas, os processos-chave da gestão do conhecimento e da comunicação são o planeamento, o controlo e a monitorização.

Muitas coisas podem correr mal aquando da introdução de uma mudança na administração da cidade. Os autarcas estão sempre à procura de sinais de problemas, planeando para evitar riscos e limitar os danos que podem ser causados. Estão constantemente a preparar e a analisar contingências para medidas alternativas. E são impacientes quando se trata de finalizar medidas antes que os problemas possam ocorrer. A melhor forma de aprender sobre a gestão do risco na cidade é através da gestão do risco empresarial e não da gestão do risco do projeto.[10]

6.6 Processos de mudança na cidade

Nas secções seguintes, resumo os processos *de gestão da mudança urbana* que eu incluiria num UMBOK.

A gestão jurídica determina quais as leis, regulamentos, normas e contratos aplicáveis, como devem ser interpretados e como devem ser cumpridos. Identifica contradições e ambiguidades e esforça-se por clarificá-las antes de surgirem conflitos. Também determina as responsabilidades e resolve os litígios. O nosso Presidente da Câmara precisa de ter a capacidade de fazer cumprir os regulamentos e os contratos. Precisa de especialistas que conheçam a lei e a redação dos regulamentos.

A gestão da qualidade é necessária para promover a melhoria contínua e a fiabilidade dos serviços e a utilização responsável dos fundos públicos.

A gestão dos custos é necessária para garantir a responsabilização na utilização dos recursos. Num município bem organizado, existe um diretor financeiro que equilibra os directores operacionais de cada serviço público. O conceito de médio prazo

O quadro de despesas (MTEF) foi concebido para aumentar a eficiência dos programas de serviços e abrir uma janela mais ampla para a introdução de reformas e de novos investimentos. Como tal, o QDMP fornece uma base clara para distinguir entre o trabalho em curso da administração e os programas do nosso Presidente da Câmara para introduzir mudanças.

A gestão do tempo é necessária para garantir que os serviços públicos e as melhorias dos serviços sejam prestados de acordo com um calendário acordado, estejam alinhados com a comunidade e a economia e possam ser acedidos por todos os que deles necessitam.

A gestão ambiental é uma função essencial da gestão da cidade. É necessário manter a cidade limpa e livre de inundações e de riscos de incêndio. Mantém o ar e a água limpos. Toma medidas correctivas contra os poluidores. A nossa Presidente da Câmara considera que o seu papel é melhorar o ambiente urbano em benefício dos seus cidadãos, tornando

[10] Os leitores podem obter mais informações sobre a gestão do risco empresarial em sítios Web como https://www.aferm.org/können.

a cidade resistente a todas as ameaças ambientais e criando um ambiente sustentável para uma melhoria contínua.

As preocupações com as alterações climáticas estão a alterar radicalmente a nossa compreensão do ambiente e a exigir mudanças fundamentais na forma como as cidades crescem. Os gestores das cidades estão agora a planear a redução do aquecimento global, a redução da dependência dos combustíveis fósseis, a proteção contra a subida do nível do mar e padrões meteorológicos mais extremos. A gestão ambiental urbana inclui atualmente a necessidade de tornar as cidades mais densas e mais ecológicas e de proporcionar melhores transportes públicos.

O ordenamento do território e dos transportes, o ordenamento do território e a gestão do tráfego são o equivalente à gestão do terreno e à logística dos projectos. O nosso Presidente da Câmara quererá assegurar que o espaço para as actividades e os meios de transporte respondam às necessidades de todos. O seu objetivo será a equidade, com especial atenção para os pobres e os desfavorecidos.

Em gestão de projectos, *a gestão de recursos e tecnologias refere-se* à gestão de materiais, equipamentos e instalações, bem como à tecnologia utilizada para produzir, transportar, colocar e manusear recursos. A nossa Presidente da Câmara preocupar-se-á com a gestão da tecnologia utilizada na administração. Nesta era, atribuirá grande importância à administração pública eletrónica, como a cobrança de impostos, a emissão de licenças, os transportes públicos, a construção e os cuidados de saúde. A sociedade também espera que os gestores municipais lidem com as tecnologias utilizadas na cidade, especialmente no fornecimento de informações, no controlo de actividades perigosas e na garantia da saúde e segurança no local de trabalho. Para que a cidade moderna possa competir globalmente, deve inovar constantemente para aumentar a produtividade e abrir novos mercados.

6.7 Gestão de programas e carteiras

Enquanto os presidentes eleitos vão e vêm, a administração da cidade continua a prestar serviços e a investir para os melhorar. O executivo, que apoia o Presidente da Câmara, é constituído por chefes de departamento. Todo o funcionamento da administração municipal é atribuído a um ou outro departamento, pelo que há um responsável por tudo. Cada gestor de pelouros é responsável por um certo número de programas e cada programa visa um tema estratégico específico. Os programas consistem em actividades e investimentos destinados a prestar serviços específicos ou a apoiar aqueles que prestam serviços. A criação de novos investimentos, o desenvolvimento de novas actividades e o desenvolvimento da capacidade de gestão podem ser definidos como projectos.

O nosso Presidente da Câmara delega as suas responsabilidades nos gestores de pastas, que por sua vez delegam nos gestores de programas, que por sua vez podem liderar projectos ou delegar em gestores de projectos.

A presidente da câmara que lida com a mudança no sistema pode muito bem ver o seu trabalho como um projeto, mas como um tipo de projeto muito diferente do dos gestores de projectos. Estes projectos fazem parte de programas que são agrupados em carteiras geridas pela equipa de liderança do presidente da câmara. A sua gestão de projectos inclui a gestão de programas e a gestão de carteiras, pelo que é muito diferente da descrita no PMBoK. O meu UMBOK ainda precisa de um desenvolvimento significativo para passar de uma metáfora a um conjunto de ferramentas e directrizes para ajudar a geri-lo.

Mas eu sonho que possamos criar um verdadeiro UMBOK. Porque à medida que o mundo se torna mais urbanizado e democratizado, há uma necessidade crescente de líderes competentes, não necessariamente com conhecimentos técnicos, mas com conhecimentos políticos que resultam do facto de serem eleitos pelos cidadãos. E o meu sonho é que um UMBOK possa ajudá-los a atingir esse objetivo.

Capítulo 7

A cidade como economia

Os diferentes climas e solos, associados a diferentes conhecimentos e competências, conduziram à especialização das zonas rurais. No período pré-urbano, esta especialização rural exigia a troca de mercadorias para satisfazer as necessidades de todos e criou a necessidade de mercados e, por conseguinte, de cidades. A fertilidade do solo e a produtividade do trabalho permitiram a uma parte da população dedicar-se a actividades não agrícolas. O vestuário, os objectos de uso doméstico e os materiais de construção também chegaram aos mercados, que se tornaram centros de comércio convenientes. Quando a maior parte da população vivia no campo e as possibilidades de transporte eram limitadas, desenvolveu-se uma rede de cidades-mercado nas zonas povoadas.

7.1 A cidade como mercado

Em Roma, o fórum era o mercado e, por conseguinte, o local onde as pessoas se encontravam. Atualmente, a palavra "fórum" significa um local de discussão. Embora Roma dependesse do mercado, há muito que perdeu a sua imagem de cidade mercantil. Apenas algumas grandes cidades da história foram consideradas cidades de mercado. Veneza, Roterdão, Xangai - todas elas deixaram de ser meras cidades de mercado para se tornarem verdadeiras cidades de mercado.

Cada cidade pode ser vista como uma soma complexa de muitos mercados: Mercados de produtos e bens industriais, mercados de trabalho e mercados de serviços e entretenimento. Na cidade moderna, os nichos de mercado informais surgem onde as pessoas se reúnem, nas paragens de autocarro, em frente às fábricas e aos escritórios. Em todos os casos, há alguém que oferece um bem ou serviço para venda que alguém está disposto a pagar.

Os vendedores estão a esforçar-se por tornar o seu serviço mais valioso:

- É possível criar valor acrescentado através do transporte.

As mercadorias vendidas numa localização privilegiada têm um preço mais elevado. Para maximizar o valor, os mercados estão essencialmente integrados nas redes de transporte e de comunicação.

- Podem criar valor acrescentado apresentando os seus produtos de uma forma mais atractiva ou conveniente.

Os bens mais atractivos ou mais fáceis de utilizar têm um preço mais elevado. Os mercados são essencialmente uma questão de apresentação para o comprador.

- É possível criar valor acrescentado através do processamento.

Algumas transformações tornam os produtos mais práticos: os ovos podem ser embalados, a carne pode ser cortada, a madeira pode ser serrada e lixada. Algumas transformações criam novos produtos: Os bolos podem ser cozinhados, as casas podem ser construídas, o ouro pode ser transformado em jóias.

Os mercados são, portanto, essencialmente sobre bens preparados para a conveniência, necessidades ou preferências dos compradores. Podemos ver a cidade como uma rede de vendedores que trazem bens para os mercados e compradores que os vão buscar; como uma rede de locais onde os bens são apresentados e oferecidos para venda e de locais onde os bens são preparados para venda. O êxito da cidade reside no facto de existirem vendedores para todos os bens e serviços de que os compradores necessitam e de existirem compradores para todos os bens e serviços que os vendedores oferecem.

Um gestor municipal bem sucedido de uma cidade mercantil é aquele que pode proporcionar o espaço para os mercados, o espaço para a transformação dos mercados e o espaço para o transporte de mercadorias de e para os mercados.

Um bom gestor municipal tem também uma perceção de toda a gama de mercados na cidade e procura oportunidades para expandir o mercado. Estará atento aos constrangimentos do mercado e trabalhará para transformar os obstáculos em oportunidades. Promoverá a cidade para o exterior e incentivará as empresas locais a acrescentar valor quando surgirem oportunidades.

A cidade prestará atenção aos serviços exigidos pelos mercados. Quando a cidade apoia o sector privado na criação de mercados, criará condições que garantam a acessibilidade de compradores e vendedores em todos os segmentos de mercado, com especial atenção para os vulneráveis e necessitados. Se for o próprio município a criar os mercados, assegurar-se-á de que estes são limpos e bem geridos. Os mercados informais ocupam frequentemente espaço no trânsito para vender os seus produtos, bloqueando o tráfego de peões e veículos onde quer que as pessoas se reúnam. Vendem jornais nos semáforos, estacionam os seus trishaws ou becaks perto de paragens de autocarro e vendem o seu artesanato perto de pontos turísticos. Podem ser vistos de duas formas diametralmente opostas. O burocrata pode aperceber-se de que as leis estão a ser violadas e que o mercado informal não deveria existir. O empresário pode ver que se perderão oportunidades económicas se os mercados informais forem proibidos. Um bom gestor municipal reconhecerá estes conflitos de interesses no mercado e equilibrará as necessidades do mercado em termos de acesso e localização. Surabaya fecha algumas vias para os mercados noturnos e aluga espaço nas paragens de autocarro a um preço que os comerciantes consideram um serviço razoável, proibindo depois que outros causem mais congestionamento. Se considerarmos a cidade como um mercado, temos também de considerar a forma como a justiça é mantida.

Muitos serviços públicos podem ser melhorados através de uma abordagem baseada no mercado. A educação é certamente uma necessidade básica, mas é também um serviço que responde às necessidades da indústria e às necessidades das famílias e dos indivíduos. Vende conhecimentos, competências e valores aos seus alunos. Vende a capacidade de inserção na sociedade moderna. O abastecimento de água, a recolha de resíduos e os transportes são serviços que muitos governos estão a privatizar atualmente. O governo pode regulamentar para criar um mercado para um nível de serviço adequado, e o sector privado pode fornecer um serviço que satisfaça esse mercado.

O fator que mais prejudica a eficiência dos serviços públicos é o pensamento burocrático. Uma burocracia tenta dividir a sua organização em partes, como uma máquina, em que cada parte é eficaz na sua própria tarefa, mas não olha para o todo. Uma organização orientada para o mercado centra-se na satisfação das necessidades do cliente e cada parte da organização mede a sua contribuição para o resultado final, o cliente satisfeito.

No início da década de 1990, a empresa pública de autocarros de Karachi media a eficácia com base no número de autocarros na estrada. Os danos nos bancos e nas janelas não eram comunicados. Não havia mapas de rotas de autocarros para o público e as paragens dos terminais da cidade eram caóticas e pouco preocupadas com o bem-estar dos passageiros que chegavam ou partiam. O sistema burocrático impedia as empresas de prestarem o serviço que o público desejava, nomeadamente um transporte conveniente e fiável a um preço acessível.

É claro que a cidade é mais do que um simples mercado. Se virmos a cidade apenas como um mercado, estamos a privá-la de grande parte do seu significado. A educação é um bem em si mesmo, muito mais do que o mercado poderia sugerir; os seres humanos são enriquecidos pela aprendizagem, independentemente da forma como esta é adquirida ou de como os educados ganham a vida. Não vivemos para trabalhar. Trabalhamos para viver.

7.2 A cidade cria valor acrescentado

A cidade pode ser vista como o local que acrescenta valor aos produtos agrícolas e mineiros através do transporte, da embalagem ou da transformação. Uma certa parte do valor acrescentado ocorre na zona rural circundante, mas a maior parte do valor acrescentado é gerada pelo transporte para a cidade e pelas actividades aí desenvolvidas.

O valor acrescentado pode ser calculado ou estimado para cada sector económico. Ao somar o valor acrescentado de todas as empresas, toda a função da cidade pode ser reduzida a um balanço que mostra o valor dos inputs e outputs de cada sector. Este balanço é designado por quadro inter-industrial ou quadro de entradas-saídas. O valor total de todas as entradas da cidade corresponde ao produto interno bruto da cidade, uma medida da sua economia global.

O formato normal de um quadro de entradas-saídas é uma matriz que inclui todos os sectores de cima para baixo e na qual as saídas de cada sector (nas linhas) são dadas como

Sector	Value
Cement and glass	14.90
Motor vehicles	0.08
Misc. Industries	0.05
Metal products	3.52
Basic metals	4.35
Paper products	0.05
Carpentry shops	7.29
Wood products	0.53
Basic chemicals	1.95
Forestry	0.56
Petroleum & mining	2.46
Transport	6.03
Communications	0.13
Trade	2.10
Service	5.98
Value added	49.25

entradas para cada sector (nas colunas). O quadro seguinte é um exemplo de uma coluna de um quadro de entradas-saídas que mostra as entradas de outros sectores para o sector da habitação, com o valor acrescentado do próprio sector da habitação na parte inferior.

As tabelas de input-output são uma parte fundamental da modelação econométrica. Muitas universidades e agências governamentais recolhem informação estatística para atualizar e melhorar a modelação econométrica de cidades e regiões. Este tipo de modelização tenta explicar as inter-relações pormenorizadas entre sectores e mercados e fornece informações aos peritos que aconselham as administrações municipais. Indica a importância de determinados sectores para a subsistência da cidade e fornece uma visão geral da economia como um todo. Mostra as tendências económicas ao longo do tempo.

Os quadros de input-output têm sérias limitações. Uma das limitações mais frequentemente citadas é o facto de as ineficiências serem medidas de forma positiva. Quanto mais ineficiente for um sector, mais elevada é a sua classificação. Mesmo o congestionamento do tráfego é apresentado como positivo, uma vez que a dependência da indústria dos sectores do petróleo e dos transportes aumenta. A saúde e a educação são consideradas apenas como partes do sector dos serviços. A saúde da população é medida pelas despesas com doenças. A educação e as artes, tal como os metais de base, são apenas indicadas pelos fundos que lhes são gastos.

Os modelos de input-output não estabelecem prioridades nem moralidades. Devem, por isso, ser utilizados com grande perícia e discernimento político. O gestor municipal deve ser crítico na utilização de modelos econométricos e garantir que o modelo não se substitui ao gestor como intérprete do que é certo ou errado, importante ou não importante.

7.3 A cidade como acumulação de riqueza

O quadro de entradas e saídas, que mede o produto interno anual da cidade, corresponde ao balanço de uma empresa. Mas um balanço não estaria completo sem uma declaração de activos e passivos. As organizações e os indivíduos da cidade contraem empréstimos (passivos) ou utilizam os lucros (poupanças) para investir na cidade, para construir, comprar, renovar, expandir e manter propriedades e empresas. E o governo contrai empréstimos ou utiliza as suas receitas para construir e expandir as redes de infra-estruturas da cidade. Os edifícios e as redes da cidade são os activos da cidade.

O valor dos activos privados e públicos é de interesse para os governos. A riqueza privada representa uma base fiscal potencial, que é discutida nas duas secções seguintes, onde a cidade é considerada como um mercado imobiliário e como uma base fiscal. Os activos públicos representam a riqueza pública acumulada da cidade e representam uma responsabilidade acumulada do governo para garantir que os activos mantêm o seu valor e não se deterioram. As redes da cidade, as canalizações, os esgotos, os pavimentos e as condutas, representam investimentos que podem ser avaliados de diferentes formas. Têm um valor comercial se prestarem um serviço a título oneroso. Quando não é cobrado, como no caso das vias pedonais, não existe qualquer valor comercial direto. De facto, muitos municípios consideram que os caminhos pedestres não têm valor e não fazem nada para manter o seu valor para a comunidade. Devemos interrogar-nos sobre a forma como deve ser definido o valor (e não o custo) dos percursos pedestres e de outras redes urbanas.

As redes da cidade têm um valor atualizado. Os custos de construção originais podem ser amortizados durante um determinado período de tempo. Os valores actualizados são comuns nas empresas, geralmente relacionados com o reembolso de um investimento. Quando um ativo envelhece, pode ser considerado sem valor, mesmo que ainda funcione.

As redes da cidade têm um valor de substituição. Este corresponde aos custos actuais de reconstrução. Dá às infra-estruturas em mau estado o mesmo valor que às infra-estruturas em bom estado. Quando o valor de substituição é subtraído do custo de manutenção das infra-estruturas em bom estado, torna-se evidente o enorme custo de uma manutenção de rotina inadequada. Quando as instalações não são objeto de uma manutenção adequada, os custos de manutenção são substituídos por custos de reparação e, quando as instalações não são reparadas, os custos de reparação são substituídos por custos de substituição.

As redes da cidade também valorizam a utilização mista dos terrenos. Tradicionalmente, os planeadores urbanos acreditam que os terrenos para fins públicos não devem ser misturados com utilizações privadas, mas as administrações municipais modernas estão dispostas a permitir utilizações mistas desde que o benefício público não seja comprometido pela utilização mista. As pontes pedonais podem ser financiadas com espaço publicitário, as estações ferroviárias tornam-se bens imobiliários de primeira qualidade quando são construídos escritórios de vários andares por cima dos carris. Em ambos os casos, o terreno tem um valor especial criado pela própria infraestrutura, nomeadamente o valor da localização.

7.4 A cidade como mercado imobiliário

O valor de um bem resulta do benefício esperado que ele traz. Quanto maior for o benefício esperado, maior será o valor do imóvel.

Na maior parte das sociedades, é a nação ou a comunidade no seu conjunto que "possui" a terra. Os cidadãos têm o direito de ocupar ou utilizar a terra, embora a propriedade e a utilização permitida variem. A terra em si não é comprada nem vendida, apenas os direitos de utilização da terra. A maior parte das sociedades reconhece que é a comunidade que atribui direitos e deveres em relação à utilização da terra. No entanto, os proprietários de terrenos reclamam frequentemente o direito de os urbanizar em excesso, de os poluir ou de os utilizar como bem entenderem.

Esta apropriação indevida de terrenos conduz frequentemente a uma deterioração do ambiente na vizinhança. Quando a indústria e o comércio invadem as zonas residenciais, podem ocorrer congestionamentos de tráfego. As famílias vêem a sua posição na comunidade perturbada. A utilização descontrolada do solo pode perturbar o tecido urbano. A fim de garantir a segurança da coletividade e melhorar a qualidade do ambiente, as autoridades municipais reivindicam, por conseguinte, o direito da coletividade de atribuir direitos de utilização do solo, planear e controlar a utilização do solo.

O valor do terreno, ou melhor, o valor dos direitos de utilização do terreno, depende de cinco características do próprio terreno: a. as características naturais do terreno, b. os direitos e obrigações de utilização, c. a localização em relação a outras utilizações do terreno, d. as benfeitorias e os bens construídos no terreno, e e. a concorrência no mercado imobiliário. São estas características que beneficiam o utilizador do terreno e, por conseguinte, são estas características que determinam os valores no mercado imobiliário.

As características naturais do solo são mais importantes para as utilizações não urbanas. O valor para a extração mineira baseia-se nos minerais. O valor agrícola baseia-se na fertilidade, na precipitação, no clima e no aspeto. Na cidade, as características naturais incluem a aparência e a beleza. Um terreno para um hotel no porto de Sydney é relativamente mais valioso do que um com vista para um rio poluído. As condições do solo que aumentam o custo da construção reduzem o valor do terreno. O valor dos terrenos em Banjarmasin varia consideravelmente em função da sua natureza pantanosa.

O direito de utilizar a terra pode incluir o direito de a extrair, cultivar ou construir. O direito pode ser *restringido* através da limitação da área que pode ser extraída ou cultivada ou da altura a que pode ser construída, ou pode limitar o tempo durante o qual os direitos são permitidos. Os direitos podem estar sujeitos à condição de que seja feita uma *contribuição* para o bem comum, permitindo a passagem de um canal de irrigação, deixando uma certa proporção da terra como terra de jardim ou fazendo uma contribuição para fins sociais ou religiosos. O direito de utilização do solo pode estar associado a *obrigações, por exemplo,* não fazer sombra ou refletir a luz solar, não poluir o ambiente, prever lugares de estacionamento ou adaptar-se ao estilo arquitetónico habitual.

O valor de um terreno depende em grande medida da sua localização. O direito de construir uma torre de escritórios no deserto de Simpson não vale tanto como o direito de construir no centro da cidade de Singapura. Um terreno numa estrada principal é mais valioso do que um terreno numa rua secundária. Os lotes situados perto do centro da cidade são mais valiosos do que os lotes situados na periferia da cidade. As propriedades com estradas, água, eletricidade ou ligações de comunicação inadequadas têm pouco valor para a indústria que delas necessita.

O valor de localização do terreno é criado pelo município, que constrói as infra-estruturas e aumenta a densidade de desenvolvimento em torno de cada local. O proprietário raramente tem qualquer influência sobre o valor do terreno.

A localização pode ter valores negativos. Um local de fácil acesso perto de uma autoestrada pode ser ruidoso, poluído e congestionado. Uma zona residencial pode estar perto de uma prisão ou de um aterro sanitário, e os ricos e famosos não quererão viver aí.

A quarta componente do valor da terra é o valor dos melhoramentos efectuados pelas pessoas. Uma terra limpa de floresta, com terraços e irrigada para o cultivo de arroz é mais valiosa do que uma terra não urbanizada na encosta de uma montanha. Um mercado de madeira com chão de terra é menos valioso do que um supermercado moderno com ar condicionado. O valor não é determinado pelo dinheiro gasto em melhoramentos, mas pelo benefício que se pode retirar da utilização do edifício. Alguns edifícios são mal concebidos para a função que se destinam a desempenhar. Outros são tão mal concebidos que ninguém quer entrar neles. Os bons edifícios combinam utilidade e atratividade.

O valor do terreno medido pelas primeiras quatro características é uma projeção do valor futuro para o utilizador do terreno. Este valor pode ser estimado ou avaliado para todos os terrenos, mas só é realizado quando ocorre uma transação, ou seja, quando o atual proprietário dos direitos de utilização do terreno aceita vender esses direitos a um comprador. Consegue imaginar o que aconteceria ao preço do terreno se todos os proprietários quisessem vender ao mesmo tempo? Se houver menos compradores, adiarão a venda para evitar uma queda no valor, e se houver muitos compradores, adiarão a venda na esperança de fazer subir os preços. Algumas pessoas especulam com terrenos, apostando que o terreno que compram agora pode ser vendido com lucro mais tarde.

Existem basicamente duas formas de pagar por um imóvel. Podemos alugar os direitos de utilização de um imóvel, pagando um preço por um determinado período de tempo, que representa parte do benefício que os inquilinos podem retirar da utilização do imóvel. Ou podemos comprar os direitos de utilização, pagando antecipadamente o benefício futuro da utilização. O preço que estamos dispostos a pagar depende da nossa estimativa do valor dos benefícios futuros da utilização. Podemos dizer que pagamos antecipadamente a totalidade da nossa renda.

Os compradores também assumem o risco de que o valor possa mudar. O valor pode mudar se as condições naturais se alterarem. A vista pode ser destruída, o que reduz o valor, ou os projectos de proteção contra inundações podem aumentar o valor. O valor dos direitos de utilização altera-se se o município emitir um novo decreto de ordenamento do território. A utilização agrícola pode ser substituída por uma utilização residencial ou industrial, o que aumenta o valor, ou a estrada pode ser alargada de modo a que o terreno deixe de ter valor económico por já não ser utilizável. O valor de um sítio pode mudar devido a alterações de acessibilidade. Uma nova estrada principal nas proximidades pode aumentar o valor, ou uma nova variante pode isolar o terreno e reduzir o seu valor.

Há pessoas que compram uma propriedade para a melhorar, a fim de maximizar os direitos de utilização actuais ou futuros. Estas pessoas são conhecidas como *promotores imobiliários*. Outros compram imóveis para os vender novamente quando o seu valor muda. Estas pessoas são conhecidas como *especuladores imobiliários*. Há quem compre um imóvel melhorado para o arrendar a utilizadores. São os chamados *investidores imobiliários*. Os promotores imobiliários, os especuladores e os investidores utilizam o valor do terreno, ou seja, o benefício futuro esperado da utilização do terreno, como um meio de fazer negócios.

Alguns investidores imobiliários são *financiadores imobiliários*. Não investem diretamente, mas concedem financiamento a empresas e a compradores de habitação para investirem em imóveis. Ao concederem hipotecas sobre imóveis, os bancos e as sociedades de crédito imobiliário tornam-se especialistas no desenvolvimento de activos urbanos.

Os agentes imobiliários prestam assistência na compra e venda de propriedades e gerem o arrendamento de propriedades em nome de investidores imobiliários. Os agentes imobiliários profissionais estabelecem normas de prática profissional e estão sujeitos a regulamentação governamental. Serviços semelhantes, que não são tão bem organizados ou controlados, são prestados por redes de indivíduos que ajudam os recém-chegados à cidade a encontrar alojamento ou emprego e podem cobrar uma taxa de agência de acordo com as tradições locais.

Arquitectos, engenheiros, topógrafos, avaliadores e *urbanistas* são profissionais que vivem dos serviços que prestam e que determinam a forma como os cidadãos investem na cidade.

Todos estes profissionais do sector imobiliário têm interesse em moldar a cidade de uma determinada forma. Não estão necessariamente interessados no desenvolvimento global e equilibrado da cidade e podem não se aperceber do impacto que têm na cidade. Todos eles contribuem para o mercado e para os seus altos e baixos. Promovem e, por vezes, até pagam preços de imóveis muito acima do seu valor de uso efetivo. Em épocas de grande expansão, podem construir espaços de escritórios e apartamentos que excedem largamente a procura. Por todas as cidades do mundo, há casas vazias, blocos de escritórios semiacabados e estaleiros de construção de edifícios que talvez nunca venham a ser necessários. Porque é que tantos profissionais não se apercebem do impacto do que fazem?

Apenas uma pequena parte dos imóveis da cidade está atualmente a ser convertida ou a mudar de mãos. Quem procura um imóvel procura o melhor imóvel disponível para um determinado fim ou paixão que tem em mente, a um preço que pode pagar. Os imóveis que encontram têm um valor especial para eles porque são adequados a determinados objectivos e paixões. Cada imóvel é único, ao contrário dos produtos do supermercado. A procura de propriedades implica um grande esforço, pois poucos utilizadores de terras estão dispostos a renunciar à sua utilização no momento da procura. A maioria dos utilizadores tem interesse em continuar a utilizar a sua propriedade.

Se os vendedores estiverem dispostos a esperar o tempo suficiente, podem esperar por um comprador de imóveis que esteja disposto a gastar um pouco mais do que os outros devido ao valor específico que procura. Num ponto de acordo, o candidato e o vendedor acordam um preço para a troca da propriedade. Os direitos sobre a propriedade são então transferidos para o novo utilizador da terra e, imediatamente, o novo utilizador tem um interesse especial na propriedade acima e para além do que os outros no mercado têm, simplesmente porque a propriedade é sua. O valor especial para o proprietário aumenta quando este personaliza a propriedade de acordo com as suas necessidades e preferências específicas. Pinta os seus edifícios com as cores que gosta e planta as suas flores preferidas. Conhece os vizinhos e os seus filhos crescem com os filhos dos vizinhos. Quando utiliza o imóvel para fins comerciais, os seus clientes ficam a conhecer a sua nova localização e o seu negócio passa a fazer parte do bairro.

Muitas empresas tornam-se "pontos de referência", como a loja na esquina de Brogan's Corner ou o hotel no Hotel Indonesia Circuit. Os marcos têm valor. Esses valores sociais e emocionais são adicionais ao valor económico dos activos da propriedade e não podem ser expressos no mercado. Estes valores especiais perder-se-iam se ela tivesse de "começar de novo". Se tivesse de se mudar para outro sítio ou se tudo à sua volta mudasse, teria de reinvestir para fazer novos amigos, manter e encontrar novos clientes e construir o seu novo estatuto. De facto, existe um interesse significativo em que os utilizadores da terra permaneçam num local fixo.

Isto contrasta com os interesses particulares dos peritos imobiliários, que pretendem sobretudo promover a mudança. Os utilizadores da terra, que normalmente querem evitar a mudança, são frequentemente os perdedores no conflito de interesses com os peritos imobiliários.

Os arrendatários são um grupo vulnerável. Estão constantemente expostos ao desejo dos proprietários de aumentar as rendas. Os proprietários acreditam que podem aumentar as rendas, não devido à capacidade dos inquilinos de pagarem mais, mas devido à capacidade do senhorio de encontrar outro inquilino que pague mais. Assim, os inquilinos estão sempre em risco de perder o seu apartamento. Se se recusarem a pagar rendas mais elevadas, terão de suportar os custos da mudança e de "começar de novo" num novo local.

Os recém-chegados são um grupo vulnerável. A maioria dos recém-chegados não tem experiência no sector imobiliário e depende de profissionais que não compreendem necessariamente as suas necessidades nem representam os seus interesses. Muitas pessoas só tomam uma ou duas decisões imobiliárias em toda a sua vida. Como é que os recém-chegados entram no mercado? Qual a eficácia da informação que recebem sobre as oportunidades no mercado? Até que ponto são vulneráveis a vendedores sem escrúpulos? Nas cidades mais pobres do mundo, como podem os recém-chegados ser afastados das planícies de inundação, das encostas instáveis ou das povoações propensas a incêndios para se instalarem em zonas mais seguras?

Os vendedores de imóveis são por vezes fortes, mas na maior parte das vezes são fracos. Enquanto alguns vendedores de imóveis vendem para tirar partido de uma descida do valor das propriedades e muitos mudam de local para melhorar a sua situação, muitos vendem porque são forçados a mudar de casa devido a alterações na vizinhança ou porque a propriedade é necessária para o bem comum. Os vendedores de imóveis sentem-se inseguros e, tal como outros grupos vulneráveis, estão dependentes de profissionais que sabem muito mais sobre o mercado imobiliário do que eles. Sentem-se inseguros e desconfiados. Para aqueles que são obrigados a mudar de casa, é particularmente difícil, pois raramente são compensados pela perda do valor afetivo e social que investiram.

Como podem os vendedores de imóveis avaliar se as ofertas que recebem são justas, quando as ofertas podem vir de comerciantes sem escrúpulos ou de projectos governamentais subfinanciados? Como podem ser adequadamente compensados pela perturbação das suas vidas?

Os *vizinhos são* também um grupo fraco. Sempre que há um novo empreendimento, o ambiente também se altera. O tráfego altera-se, a luz solar e a sombra alteram-se e as condições do vento alteram-se. As vistas e os aspectos mudam. Estas alterações podem, por vezes, ser benéficas para os vizinhos porque melhoram a qualidade do bairro. Mas, muitas vezes, trazem também congestionamento e incómodo para os vizinhos, que se tornam vítimas do desenvolvimento, com os seus prejuízos a subsidiarem os benefícios do desenvolvimento para os novos vizinhos e para a cidade como um todo. O valor negativo das obras de construção é frequentemente ignorado. Durante a fase de construção, há poluição sonora, produção de poeira e congestionamento adicional do tráfego, cujos custos são suportados pelos vizinhos e não pelos promotores ou pelo governo. Em casos extremos, estes custos não medidos, que são suportados pelos vizinhos, podem exceder os custos para o promotor.

Os empreiteiros colocaram um tubo de água numa estrada movimentada, mas não compactaram o aterro depois. Na estação das chuvas seguinte, a estrada desmoronou para dentro da vala quando a água da chuva compactou o solo por cima do tubo. Alguns proprietários não puderam utilizar a estrada durante quase um ano e algumas empresas foram à falência. Quando o empreiteiro foi investigado, foi-lhe aplicada uma coima pelo custo da compactação.

A metáfora da cidade como um mercado imobiliário levanta muitas questões sobre a forma como a cidade se deve desenvolver, mais questões do que respostas. Este facto, por si só, é útil. Põe em evidência o pouco que sabemos sobre o valor dos activos urbanos e incentiva-nos a explorar a dinâmica da cidade. Pode também ajudar-nos a desenvolver as nossas abordagens ao papel da câmara municipal na gestão do território.

Os direitos da comunidade de exercer controlo sobre os seus utilizadores da terra devem ser cuidadosamente planeados e cuidadosamente exercidos. Os utilizadores do solo devem poder conhecer os seus direitos e responsabilidades e devem comportar-se de acordo com esses direitos e responsabilidades. Os planos urbanísticos e os planos de utilização dos solos não são tanto mapas de planeamento físico que regulam a construção e a utilização dos edifícios na cidade, mas antes definições de direitos.

Os direitos de desenvolvimento devem ser harmonizados com as exigências do mercado. Três consequências indesejáveis de direitos excessivos são comuns nas nossas cidades. Em primeiro lugar, tem-se registado uma expansão urbana excessiva em muitas partes das nossas cidades, o que conduz ao congestionamento das estradas e à insuficiência de espaços abertos. Em segundo lugar, permitiu-se que as cidades se expandissem para as terras agrícolas mais férteis, o que levou a mais estradas, congestionamento e perda de espaço aberto. E, em terceiro lugar, permitimos que zonas das nossas cidades ficassem degradadas quando os direitos de desenvolvimento excedem largamente a procura do mercado. O valor dos terrenos em zonas degradadas é determinado por uma utilização futura altamente incerta e arriscada. Os proprietários não querem gastar dinheiro na manutenção e, por isso, permite-se que o terreno perca a sua atual utilização rentável, partindo do pressuposto arriscado de que um dia poderá ser urbanizado.

Os profissionais do sector imobiliário devem ser regulamentados e orientados. Os controlos da utilização do solo e do desenvolvimento devem ser complementados por vigilantes. A informação e a análise do mercado imobiliário devem ser facilmente acessíveis. A indústria, as universidades e os governos podem trabalhar em conjunto para elevar os padrões profissionais do sector da promoção imobiliária.

As partes mais fracas do mercado imobiliário precisam de apoio, certeza e segurança. Em particular, é necessária informação para ajudar o público a compreender os direitos e obrigações da utilização dos solos. Os recém-chegados precisam de ser informados sobre as localizações adequadas e orientados para desenvolverem a sua propriedade de forma apropriada. Os vizinhos também precisam de ser informados dos desenvolvimentos propostos que os podem afetar. O objetivo da comunidade ao conceder direitos de desenvolvimento é garantir que os impactos negativos sejam minimizados e aceitáveis. Os vizinhos devem ter uma palavra a dizer se houver uma probabilidade de impactos negativos.

Os arrendatários precisam de proteção. Em Jacarta, na década de 1970, ao abrigo do premiado Programa de Melhoria dos Kampung, as comunidades que viviam em terrenos públicos recebiam um contrato de arrendamento de sete anos. O que é que aconteceu ao fim de sete anos? Foi uma solução ou apenas um atraso na procura de uma solução?

Tal como na maioria dos países industrializados, a Austrália tem regras sobre os direitos dos inquilinos e contratos-tipo que impedem os proprietários de abusar da vulnerabilidade dos inquilinos.

Deve ser garantida uma indemnização adequada às pessoas cuja propriedade é necessária para um fim público, para que possam ser realojadas e reinstaladas. A lei indonésia defende o excelente princípio de que ninguém que abandone a sua terra deve sofrer uma perda de rendimento ou de lucro, mas a aplicação prática deste princípio é difícil. Normalmente, não há indemnização pelo valor social ou emocional da terra que pode ter sido transmitida através de várias gerações. Os governos estão empenhados em minimizar os custos do desenvolvimento e estão limitados na sua capacidade de pagamento pelas disposições orçamentais.

Muitas vezes, a intenção de expropriar terras para fins públicos é definida nos planos de ordenamento do território, designando terras para infra-estruturas ou outros fins públicos muito antes de se pensar em afetar fundos orçamentais para a compra das terras. Os proprietários são ameaçados de expropriação durante décadas, sem poderem vender e manter a sua atividade.

Os recursos orçamentais limitados e o planeamento deficiente não devem ser uma justificação para privar os vulneráveis de uma compensação adequada, mesmo que isso beneficie a cidade no seu conjunto.

7.5 Avaliação e tributação dos imóveis na cidade

A ideia básica do imposto sobre a terra e a propriedade é que o valor de uma propriedade é criado pelas decisões do governo sobre a utilização da terra e o acesso à propriedade. O imposto sobre a propriedade é visto como uma forma justa de o governo receber receitas para pagar as infra-estruturas que criam o valor, que é distribuído de acordo com o valor recebido pelos proprietários.

Como é que o valor de um imóvel é determinado pelas decisões públicas? Qual é a base justa para tributar esse valor?

Na prática da avaliação, os avaliadores podem determinar diferentes valores para os imóveis. O *valor da propriedade melhorada é* o valor de mercado estimado de uma propriedade se esta fosse colocada no mercado. O valor das benfeitorias representa a contribuição do proprietário para o valor global. O valor do terreno *não urbanizado representa* o valor criado pela cidade. No entanto, o valor do terreno não urbanizado não é a diferença entre o valor do terreno melhorado e o valor das benfeitorias. Trata-se de uma avaliação do preço justo que o terreno teria se não existissem benfeitorias e se fosse posto à venda.

O valor patrimonial não melhorado é um valor abstrato. É irreal e, por vezes, problemático. Por exemplo, uma pequena casa pode estar localizada numa área onde é permitida uma torre de escritórios, mas a construção de uma nova casa na propriedade não é permitida. No entanto, o terreno é demasiado pequeno para ser utilizado para uma torre de escritórios, a menos que as propriedades vizinhas também sejam utilizadas. Assim, o valor do terreno não urbanizado apenas para a casa é zero, uma vez que não é permitida a sua utilização isolada, mas tem um valor elevado se for combinado com as propriedades vizinhas. Então, neste caso, como é que o valor do terreno não urbanizado pode ser determinado de forma justa para os proprietários da casa?

Uma indústria construiu um porto e uma fábrica. Se o porto existir, o terreno para a fábrica será muito valioso, e se a fábrica existir, o terreno para o porto também será valioso. O valor do terreno não melhorado de um não é nada sem o do outro.

Muitos governos tributam o valor não urbanizado. Os proprietários de imóveis têm de pagar ao governo uma determinada percentagem do valor avaliado da propriedade não urbanizada. Mais comum é a tributação do valor dos *terrenos urbanizados*. Os avaliadores obtêm informações dos registos de vendas de propriedades e inspeccionam o terreno para determinar o preço pelo qual cada lote seria vendido se estivesse no mercado. Os governos que utilizam este sistema exigem então que os proprietários paguem uma determinada proporção deste valor todos os anos como imposto.

O imposto predial, que se baseia no valor não urbanizado, é relativamente mais elevado para as parcelas não urbanizadas do que para as parcelas bem urbanizadas. Os especuladores de terrenos têm de pagar impostos mais elevados, mas não recebem qualquer rendimento do terreno até o poderem vender. A tributação dos terrenos não urbanizados constitui, por conseguinte, um desincentivo à especulação fundiária. No entanto, as pessoas pobres e idosas que vivem em casas mais antigas e mais pequenas no meio de uma urbanização maior podem pagar impostos que não podem pagar.

Muitos governos são a favor de uma relação de arrendamento em que a terra é propriedade do governo (em nome do Estado ou da Coroa) e os ocupantes são meros arrendatários por um período de tempo. Os utilizadores são meros arrendatários por um período de tempo. Podem pagar uma renda com base no *valor anual do* terreno, segundo a teoria do arrendamento. Este sistema revelou-se extremamente infrutífero para os terrenos residenciais nas democracias. Transforma os governos em senhorios sobre o mesmo povo que os elegeu. O conceito de arrendamento para terrenos residenciais é essencialmente feudalista e está em contradição com as noções modernas de democracia. No entanto, para terrenos comerciais e industriais, o arrendamento pode trazer vantagens significativas. Pode eliminar a especulação privada no desenvolvimento de terrenos comerciais. Torna as empresas e o Estado parceiros no desenvolvimento e proporciona a ambos uma base jurídica mais sólida para exigir o cumprimento das condições de posse.

Isto é evidenciado pelos projectos industriais e comerciais em Singapura, onde o governo actua como parceiro de uma empresa comum com os utilizadores dos terrenos.

A autoridade responsável pelo desenvolvimento urbano compra os terrenos pelo valor de pré-desenvolvimento, altera os direitos de utilização dos terrenos, melhora o local com melhores infra-estruturas e, em seguida, arrenda os terrenos a preços muito mais elevados. O valor do aumento dos direitos e da melhoria da localização é cobrado pelo governo como uma *participação nos lucros* e não como um imposto.

As acções da empresa são determinadas com base num valor acordado da contribuição de cada parceiro, com o governo a fornecer os direitos de utilização do terreno e os benefícios do local e a empresa a fornecer as instalações e a gestão da propriedade. À medida que o projeto avança, ambas as partes beneficiam proporcionalmente às suas participações. As quotas podem ser renegociadas periodicamente com base num acordo estabelecido. Como acionista, o governo também tem uma palavra a dizer na gestão da empresa e pode intervir em áreas como o controlo da poluição.

Todos os métodos de cobrança de receitas da terra baseados na avaliação de peritos são problemáticos. A avaliação de propriedades não é uma ciência exacta e os governos raramente dispõem dos recursos necessários para realizar avaliações exaustivas. O valor dos terrenos depende de um ciclo de altos e baixos no mercado. Quanto mais exacta for a avaliação, maior é a probabilidade de os proprietários se oporem à avaliação estabelecida. Por conseguinte, os governos tendem a subavaliar os imóveis. Algumas propriedades são descontadas menos do que outras; os seus proprietários são tributados mais do que é justo, mas as diferenças nos descontos nunca são reconhecidas, e muito menos um proprietário tem uma base para protestar contra a injustiça do seu imposto sobre a propriedade.

O imposto sobre *as mais-valias é* um imposto sobre o lucro obtido com a revenda de um imóvel. Quando um imóvel é vendido no mercado, é pago um determinado montante por ele. Um imóvel para venda pode beneficiar de melhorias nos direitos, porque o governo autorizou um nível de desenvolvimento mais elevado. Ou pode ter beneficiado de alterações na vizinhança que tornaram a localização mais atractiva. Estes direitos e benefícios melhorados reflectem-se no aumento do preço entre a compra e a venda do imóvel, o que se designa por "mais-valias". Vários países têm fórmulas para tributar estas mais-valias.

A metáfora da cidade como base fiscal ajuda-nos a encontrar formas de a administração municipal partilhar os benefícios das melhorias que cria. Mas também ilustra os muitos problemas associados à avaliação dos valores e à coleta justa das receitas imobiliárias.

7.6 Cidade magra

Se alguma vez tentássemos tornar a nossa cidade eficiente, ela perderia muito do seu valor. Por definição, um sistema eficiente seria aquele em que todas as actividades que não contribuem para a produção são eliminadas. Isso reduziria o valor da recreação e do jogo, uma vez que o jogo não é produtivo. Reduziria o valor do amor à reprodução.

A cidade é um lugar para todos os seus cidadãos. O trabalho na cidade deve beneficiar todos os cidadãos. A melhor maneira de o conseguir é empregar todos os trabalhadores numa indústria eficiente. Mas nem tudo é essencialmente eficiente. De facto, é importante que não seja eficiente.

O valor da cidade mede-se de uma forma que a economia não consegue medir. Tem valores culturais, religiosos e pessoais, com um conjunto de valores pessoais para cada um dos seus cidadãos. A economia valoriza tudo numa escala linear, das coisas sem valor às mais rentáveis, por um lado, e das gratuitas às mais caras, por outro. Não pode valorizar o que não tem preço, aquilo pelo qual se está disposto a viver e a morrer. Diz-se que Al Capone disse:

Quanto custa uma sogra?

Os economistas só podem avaliar a cidade de um ponto de vista económico. Não podem classificá-la numa escala de mau a bom, de feio a bonito ou de errado a certo. Em nome do valor económico que atribuem a tudo, descrevem tudo em termos de graus de eficácia e de rentabilidade. Ao exprimir o bom, o belo e o correto em dólares, eliminam o verdadeiro sentido da ética, da estética e da moral.

No entanto, é importante que as cidades sejam eficientes para que os seus cidadãos tenham tempo e recursos para utilizar o seu tempo livre e a sua riqueza para o seu bem-estar.

Capítulo 8
A cidade como cultura

O fator que define o certo e o errado, o bom e o mau, o belo e o feio numa sociedade e que forma os seus cidadãos no que é certo, bom e belo chama-se cultura. A palavra cultura é também utilizada para descrever a complexidade e a sofisticação. Para o turista, a cultura é o que distingue uma sociedade de outra. Explica as diferenças na arquitetura, na cozinha, na música e na dança. É o que os turistas de todo o mundo querem ver e experimentar, maravilhar-se e lamentar.

Para os membros de uma sociedade, a cultura é tanto a tradição que aprenderam com os mais velhos, pais, padres, líderes populares e professores, como as mudanças introduzidas pela resposta do povo à *vanguarda.* A cultura dá estrutura e segurança à convivência e à cooperação entre as pessoas. Não se trata apenas de regras fáceis de aprender. Não se trata apenas de etiqueta, porque a cultura é mais importante do que a cortesia. Ser culto significa ser cultivado.

A cultura pode ser observada como comportamento, mas não podemos penetrar numa cultura simplesmente imitando o comportamento que observamos. Temos também de adotar todos os valores e formas de pensar da cultura.

A cultura também nos oferece formas de interpretar o mundo e de interpretar o comportamento dos outros. Os padrões culturais transmitem significados específicos e, quando observamos padrões, estes são interpretados de acordo com a nossa cultura. Um aceno de cabeça pode significar sim ou não, consoante a nossa origem.

Todos nós estamos familiarizados com as diferenças físicas entre raças, com as diferenças na cor da pele e nas características faciais. Mas há muito pouca variação biológica no seio da nossa espécie. Parece que os seres humanos não têm a mesma necessidade de evoluir para novas espécies que os outros animais. No processo conhecido como diversidade genética, a evolução cria uma espantosa diversidade de espécies à medida que os organismos se adaptam a diferentes ambientes. Na espécie humana, a diversidade é sobretudo cultural.

8.1 A cultura da cidade

A cultura de uma cidade é um bem que pode ser vendido como atração turística. Atrai ou repele o dinheiro dos turistas. A cultura de uma cidade pode tornar simples ou complexa a atração de investimento estrangeiro. É o que distingue a cidade dos seus arredores.

A cultura de uma cidade como sistema de valores é importante para os cidadãos mais jovens, porque é o seu guia para o futuro. É importante para os políticos, uma vez que os informa sobre as expectativas culturais e os processos de tomada de decisão.

Algumas culturas nacionais são consideradas cosmopolitas. A cultura moderna europeia e japonesa é urbana. Dedicam-se intensamente à arte, aos museus e à história e dão grande importância a temas populares, *vanguardistas* e controversos.

Outras culturas urbanas, como a australiana e a americana, são culturas de migrantes, onde as pessoas deixaram as suas origens tradicionais e se misturaram com pessoas de todo o mundo. Caracterizam-se por um individualismo mais forte e por um menor apreço pelo antigo. Curiosamente, estes dois países urbanos identificam-se fortemente com os valores da cultura não urbana que os invadiu: os americanos com os valores dos índios e do Oeste selvagem e a Austrália com a cultura dos aborígenes e do interior vazio.

Dentro das culturas nacionais, cada cidade tem a sua própria cultura e, na maioria das grandes cidades, é possível reconhecer grandes diferenças culturais. O Professor Higgins, em Pigmalião, conseguia reconhecer a rua de Londres onde Eliza vivia só por ouvir o seu chamamento quando vendia as suas flores.

Na tradição judaica, a origem da diversidade da cultura humana remonta à cidade de Babel, onde Deus castigou a urbanidade com a praga das línguas diferentes.

A cidade moderna é frequentemente descrita como uma destruidora de culturas antigas, como uma influência niveladora que torna todas as cidades iguais, ocidentalizadas, materialistas, amorais. As cidades são responsabilizadas pela disseminação da crueza que vemos nas novelas americanas, mexicanas, indianas, turcas, todas variantes de uma cultura global populista. A televisão, os hotéis internacionais e o aumento da riqueza estão a mudar os velhos hábitos. A cidade é, de facto, um lugar de encontro de culturas diferentes. Mas será que está a substituir a cultura tradicional ou a provocar a mudança das culturas?

A cultura sempre mudou, rompeu-se, dividiu-se e juntou-se de novas formas. É esta a evolução cultural. O resultado da influência ocidental nas cidades asiáticas varia de cidade para cidade e mesmo em bairros diferentes. Trata-se de uma influência cultural única, mas que cria uma maior diversidade.

No início dos anos 70, Bali foi confrontada com a perspetiva de uma possível perda cultural devido à influência de milhões de turistas. Iria o turismo destruir a cultura balinesa? Os líderes da sociedade balinesa decidiram não o fazer. Como resultado de uma política cultural consciente, o turismo permitiu uma revitalização da arquitetura, da música e da arte. A cultura balinesa desenvolveu-se.

No entanto, muitos líderes balineses perderam a sua visão e deixaram-se influenciar pelo dinheiro, pelo poder e pela corrupção. A vista dos arrozais foi substituída por edifícios comerciais e, em vez das paredes, portões e telhados de tijolo balineses, vemos lojas e casas *minimalistas*. Os estabelecimentos globais de fast food vendem molho de tomate como *ketchup em vez do* molho de soja doce, conhecido e pronunciado como *kecap na* língua indonésia.

Cada cidade balinesa tem a sua própria cultura. A afinação dos gongos da orquestra de gamelões difere de aldeia para aldeia. Estas diferenças mantêm-se, mas estão a ser cada vez mais pressionadas pelo turismo, pelo poder económico de Surabaya, pelas orientações políticas de Jacarta e pelo currículo nacional. A cultura balinesa continua a desenvolver-se e a mudar, mas não está a ser destruída, antes trazendo consigo uma maior diversidade, até que a antiga cultura balinesa seja apenas uma parte da cultura balinesa moderna. Estará a cultura que rende dólares aos turistas a perder-se? Estará a perder-se a cultura que dá sentido à vida numa sociedade hindu?

O lema da Indonésia é a unidade na diversidade. A nação cria unidade ao promover a sua diversidade. As crianças aprendem sobre os costumes e as artes de Aceh à Papua, assistem às cerimónias de centenas de regiões na televisão e visitam o Taman Mini Indonesia Indah, um museu vivo do património cultural diversificado. A cultura indonésia está a mudar fundamentalmente, e esta mudança é provocada pelos processos nas cidades.

A Austrália mudou radicalmente desde a Segunda Guerra Mundial. A imigração da Europa, do Médio Oriente e da Ásia trouxe novos sabores, nova música e uma nova língua. A Austrália tem talvez a taxa mais elevada de casamentos inter-étnicos. Uma turma escolar de vinte crianças pode ter pais de vinte países diferentes. No entanto, o francês e a sua mulher vietnamita terão filhos que se identificam como australianos com o vagabundo do mato e com o condenado que foi transportado para Londres há mais de 200 anos por ter roubado um pão. Esta identidade única e não urbana não será aprendida no outback ou em casa. Aprender-se-á na cidade.

A unidade mais simples da cultura é a família nuclear. Na maioria das culturas, esta unidade está claramente definida e é considerada sacrossanta. Noutras culturas, é esbatida por uma série de factores, como a parentalidade partilhada, a adoção, a poligamia e as elevadas taxas de divórcio nas margens. Nas culturas mais antigas, a família nuclear está subordinada à família alargada, sendo apenas um ramo de uma árvore familiar mais vasta. Nas culturas migrantes, a família nuclear é frequentemente separada da família alargada. A família alargada continua a ser importante apenas em termos simbólicos. Em algumas culturas, a família alargada estende-se da cidade à aldeia, tribo ou clã. Na Papua, a tribo é a unidade cultural identificadora, na Sicília é a família alargada em todo o mundo, na Escócia e no Norte da Sumatra é o clã.

Nas comunidades rurais, onde a vida é relativamente isolada e a mobilidade é baixa, os vizinhos são membros da família e os amigos são feitos no seio da família. Quando um estranho chega à aldeia, é recebido como um amigo e aceite na família.

Muitos habitantes das aldeias migram para as cidades, de forma permanente ou temporária. Na sua nova casa, tornam-se estranhos. Aqui têm vizinhos, ou seja, pessoas que conhecem, com quem trabalham e com quem têm algo em comum. Têm vizinhos no trabalho, em casa, às refeições, na mesquita, na igreja ou no templo.

Também tens uma família. Procurará parentes distantes e identificar-se-á como parte dessa família. Podem não encontrar outro Macintyre, mas podem encontrar outro escocês. Podem não encontrar outro Siregar, mas podem encontrar outro Batak ou Sumatra ou Indonésio com quem se sintam aparentados. Ou podem ser adoptados numa família ou casar numa família.

E transformarão esses vizinhos e familiares em amigos. Algumas relações de vizinhança podem ser apenas fugazes. Mas mesmo o mais breve dos encontros pode evoluir para uma amizade a longo prazo. A amizade pode ultrapassar uma separação e durar uma vida inteira.

De acordo com a teoria sociológica, uma caraterística do estilo de vida urbano é a forma como as pessoas distinguem os seus vizinhos, familiares e amigos. Com base nestas três características, mesmo algumas sociedades feudais, como a de Java, seriam consideradas urbanas, onde classes diferentes podem ser vizinhas, mas é pouco provável que sejam familiares ou amigas. A cultura javanesa, desde a mais pequena aldeia até à maior cidade, pode ser caracterizada como urbana, com os rituais de *selamatan* a apelar a cada um destes três grupos. Em dias especiais, como o nascimento de um filho, um casamento ou uma mudança de residência, é efectuada uma oferta de paz. Espera-se que toda a família esteja presente. Os amigos especiais são convidados. Um pequeno prato de comida é preparado e entregue nas casas de todos os vizinhos.

A cultura tradicional tem os seus líderes, o seu grande homem, padrinho ou sultão. Tem os seus sacerdotes e mestres que transmitem a cultura. Estes líderes, sacerdotes e professores têm frequentemente pretendentes, opositores ou profetas que tentam derrubar a estrutura ou mudar o comportamento da cultura, mas que continuam a trabalhar dentro de um espetro cultural relativamente estreito. Estes opositores são líderes e professores nas suas próprias subculturas. Quanto maior for o pluralismo da cultura, maior será o número de subgrupos culturais, de líderes e de professores, e mais urbana pode ser considerada uma cultura. Há muitos líderes na cidade: líderes de bairro, líderes de grupos, líderes de associações, gestores, representantes sindicais, iniciadores, criadores de tendências, líderes de mercado, promotores, condutores de autocarros, polícias de trânsito e programadores de semáforos.

A cidade tem muitos professores: professores na escola, em casa, na mesquita ou na igreja. Há pares, irmãos mais velhos, modelos e ídolos na sociedade urbana. Os pais perdem o controlo sobre a escolha dos professores dos seus filhos à medida que estes envelhecem. Este facto leva a uma maior diversidade na cidade do que no campo.

À medida que as pessoas passam mais tempo numa determinada zona da cidade, seja em casa, na escola ou no trabalho, a educação e a liderança nessa zona começam a formar a sua própria subcultura. Os médicos, os enfermeiros e as pessoas doentes criam uma subcultura hospitalar. Os médicos partilham muitos valores e comportamentos com os médicos de qualquer outro país do mundo. Manterão a sua identidade étnica, mas também alcançarão os valores comuns da profissão médica.

A polícia de trânsito, os peões, os ciclistas e os automobilistas criam subculturas, uma cultura das portagens, uma cultura dos engarrafamentos, uma cultura das ruas de sentido único, uma cultura dos cruzamentos.

Assim, a vida na cidade pode ser vista como uma parte cultural. Pessoas diferentes ensinam-nos comportamentos culturais diferentes em cada parte, e pessoas ou instituições diferentes guiam-nos quando passamos de uma parte da vida urbana para outra. É esta mistura contextual que constitui uma cultura urbana. Dizem que tudo acontece na cidade. As pessoas vêm a King's Cross em Sydney para ver as pessoas que vêm a King's Cross, e as pessoas de Kings Cross ficam maioritariamente nas suas casas. Este é o sítio onde as pessoas se misturam. É o oposto de Babel, um sítio onde as pessoas se misturam apesar das suas línguas diferentes. Mas o resultado é o mesmo que em Babel. O resultado é uma maior diversidade.

Algumas cidades constroem muros e erguem guetos em torno das suas diferenças. À semelhança da Roma antiga, há cidadãos livres que aparentemente podem fazer o que lhes apetece e aqueles que não são muito diferentes dos escravos, presos a rotinas e obrigações de uma vida com pouca liberdade, e há os poucos que permanecem ostracizados e marginalizados. A segregação urbana baseada no privilégio e na tolerância reforça o preconceito e restringe a liberdade dos cidadãos. A rigidez cultural por etnia, classe ou lei nunca provou ser um benefício duradouro para a cultura e conduziu com regularidade histórica a regimes verdadeiramente perversos, incluindo os de Estaline, Hitler, Polpot e ISIS.

Em contrapartida, algumas cidades convidavam à diversidade. Sob o reinado do rei Salomão, Jerusalém procurou alianças e paz com os seus vizinhos (ou talvez poder sobre eles). Salomão casou-se com a filha do faraó egípcio. Teve também seiscentas e noventa e nove outras esposas reais de uma grande variedade de origens étnicas, que, segundo nos dizem, ele amava muito.

Nessa altura, Jerusalém deve ter sido uma cidade magnífica, cheia de cultura de muitos países. O esplendor não durou muito. O reino de Salomão mal durou mais do que ele próprio. O reino dividiu-se quando o seu filho tentou duplicar os impostos. Não sabemos o que aconteceu às setecentas mulheres. Talvez tenham fundado uma associação de viúvas ou convertido algum dos seus muitos palácios numa aldeia de reformados.

A diversidade cultural e a rápida mudança são um dos maiores desafios que a gestão urbana enfrenta atualmente. Não só as nossas cidades estão a crescer a um ritmo alarmante, como o seu crescimento através da imigração também conduz a potenciais conflitos de todos os lados.

A diversidade e a reação a ela podem colocar a cidade sob uma pressão tal que esta deixa de funcionar. O medo, a violência e as restrições de segurança inibem a mistura das diferentes partes. As fronteiras entre as subculturas tornam-se mais nítidas e as subculturas recuam para padrões mais primitivos.

No Paquistão, a secessão da Índia foi acompanhada por uma migração maciça, a maior parte da qual para as cidades, onde o conflito continua gerações mais tarde. No Médio Oriente, há conflitos étnicos e religiosos nos campos de refugiados urbanos. No norte da Índia, cidades inteiras foram fundadas por refugiados tibetanos. Serão criadas novas cidades na Europa ou noutros locais por pessoas que fogem de novos conflitos no Médio Oriente?

A sociedade cria muitas instituições, algumas das quais mantêm os grupos juntos e facilitam a mistura, enquanto outras os separam e segregam. As forças de segurança mantêm a paz, o que facilita a mistura ao isolar aqueles que violam a lei. As associações reúnem pessoas de diferentes origens, identificando os interesses comuns dos membros, que podem ser provenientes de diferentes grupos sociais. As religiões promovem a caridade, o que une pessoas de diferentes origens, mas podem negar a validade de outras crenças e conduzir à divisão.

Uma cidade bem sucedida promoverá as instituições que melhor facilitam a mistura e criará novas instituições e associações para reunir as pessoas antes que a disfuncionalidade possa causar danos irreparáveis. Algumas destas instituições assumirão uma forma política, promovendo o debate e o diálogo sobre as questões. Algumas assumirão uma forma jurídica, definindo os direitos das diferentes partes. Outras transformarão o conflito em concorrência, criando ligas desportivas ou estabelecendo mercados. Mas cada nova instituição criará, ela própria, uma nova subcultura. Nenhuma subcultura pode controlar a cidade sem que esta regresse a padrões mais primitivos. As tentativas de controlo da cidade aumentarão a sua complexidade e diversidade.

Encarar a cidade como uma cultura não significa que tenhamos de concordar com todos os comportamentos ou valores que nela encontramos. Tal como os mercados atraem batoteiros e ladrões, também as cidades atraem comportamentos repreensíveis e subculturas indesejáveis. Paulo avisou os Coríntios sobre os males da sua cidade, a lei judaica proibia certos casamentos étnicos, as sociedades tendem a declarar certos comportamentos culturais como indesejáveis e tentam definir o que é um comportamento correto e errado.

Os grupos culturais predominantes na cidade desenvolverão uma ética que pode tornar-se típica para toda a cidade. Alguns serão expressos sob a forma de leis e regulamentos, outros como moral, outros ainda como mera etiqueta. Dependendo da dominância destes valores, a sociedade introduzirá meios de disciplinar ou punir aqueles que os violam. Os valores dominantes que são exigidos a toda a população pela lei ou pela etiqueta não são automaticamente aceites por toda a população. Os próprios infractores podem formar uma subcultura. As leis que proíbem o álcool são violadas pela subcultura que o consome e pela subcultura que o fornece. A etiqueta que dita o cabelo curto para os homens cria uma subcultura de homens de cabelo comprido.

Aqueles que violam os valores culturais podem ser classificados em subculturas com base na forma como a cultura dominante os trata. Os *incultos* são aqueles que não são suficientemente cultos. Podem ser estrangeiros, habitantes de zonas rurais ou jovens. A reação da comunidade ao comportamento inculto pode ser rir deles, tratá-los como párias ou exigir que se tornem mais cultos. Os *excêntricos* são aqueles que optam por crenças ou comportamentos diferentes. Podem ser um incómodo, mas tornam a vida mais interessante. Por vezes, é-lhes atribuído um local próprio, como uma praia de nudismo no porto de Sydney. Geralmente, são ridicularizados ou ostracizados. *Os hipócritas* podem passar a maior parte do seu tempo na cultura dominante e continuar a ir ao bordel. Os *rebeldes* são aqueles que testam os limites do comportamento culturalmente aceitável por sua própria iniciativa. Os *vanguardistas são* os excêntricos e os rebeldes cujas crenças ou comportamentos estão na vanguarda da mudança. A comunidade divide-se entre aqueles que abominam a sua falta de respeito pela tradição e aqueles que se divertem com as suas bravatas.

Os infractores são aqueles que violaram a lei ou um código moral. A sociedade exige que sejam punidos ou que façam reparações. Muitas vezes, a sociedade distingue entre os delinquentes que cometeram um delito pela primeira vez e aqueles que acreditam que podem recuperar a sua posição na sociedade prometendo não voltar a cometer o mesmo delito. Quando os delinquentes são marginalizados ou excluídos da sociedade, podem tornar-se *párias*. Os marginais são aqueles cujo comportamento já não é tolerado. Os mais ofensivos são encerrados, pelo menos durante algum tempo.

A afetação a estas categorias (inculto, excêntrico, hipócrita, rebelde, vanguardista, criminoso e marginal) ocorre voluntariamente ou pela cultura dominante. A sua influência na cultura depende em grande medida da forma como as pessoas se vêem a si próprias nestas categorias. Regra geral, os rudes aceitam a contragosto a sua falta de sofisticação e, tal como os jovens transviados, evoluem para cidadãos mais maduros. Mas muitas vezes o julgamento de que as pessoas são rudes é injusto porque lhes falta comunicação ou compreensão. Os aborígenes na Austrália e os papuas na Indonésia nunca aceitariam que a sua cultura fosse inferior e passaram por muito sofrimento porque os outros os julgam assim.

Os excêntricos orgulham-se normalmente do seu estatuto. Por vezes, são injustamente perseguidos e sofrem de uma falta de preocupação com os seus direitos básicos. Muitas pessoas que querem ser tratadas normalmente são tratadas como excêntricas, especialmente os deficientes físicos, e podem organizar-se em grupos de interesse comum para contestar a forma como são tratadas pela sociedade.

Os rebeldes e as vanguardas são tratados de forma ambivalente. Algumas partes da sociedade sentem-se ameaçadas por eles, enquanto outras lhes dão a honra da fama. Como desafiavam o status quo, eram facilmente desacreditados pelos líderes oficiais da sociedade. Os impressionistas parisienses da década de 1880 não foram inicialmente reconhecidos como agentes de uma mudança refrescante na arte. Mas agora essa mudança está a ser saboreada por um século de amantes da arte. Jesus Cristo foi perseguido pelos sacerdotes do seu tempo, mas as suas obras e os seus actos mudaram o mundo. Como é que a sociedade pode reconhecer quando o rebelde ou a vanguarda contém uma verdade de que a cultura precisa? Como distinguir essa verdade do comportamento amoral e antissocial de tantos rebeldes e vanguardistas?

As pessoas acusadas de uma infração penal têm acesso ao sistema jurídico se estiverem inocentes. Mas a história está cheia de casos de falsas acusações e de erros judiciais. Poucos de nós justificariam hoje as leis de Inglaterra que deportavam pessoas por roubarem pão, ou os condenados que foram transportados para colonizar a Austrália moderna. A sociedade deve ter o cuidado de garantir que os seus controlos são justos para com aqueles que parecem ter violado as suas regras e valores. A justiça deve ser mantida para que a cidade seja enriquecida pela diversidade cultural que nela existe.

A administração municipal deve cultivar a cultura. A educação, a arte e o desporto são instituições apoiadas pelo governo e que contribuem para o cultivo da cultura. As autarquias também organizam cerimónias e festas para celebrar a cultura. Realizam campanhas para influenciar comportamentos. Espera-se que os dirigentes municipais sejam modelos e promotores de uma boa vida na cidade.

8.2 Administração municipal Cultura

Na secção anterior, mostrámos que a gestão urbana tem três tarefas na cultura da cidade. Promove a mistura cultural, controla e incentiva o comportamento cultural e cultiva a cultura. Fá-lo a partir de uma posição particularmente parcial, porque a política e os serviços públicos são, eles próprios, culturas distintas.

A caricatura comum da função pública é a de trabalhadores preguiçosos e facilmente corrompidos, com emprego e pensões seguros e procedimentos complicados e implacáveis. A caricatura comum da política é a de mexericos e corrupção em proveito próprio. Estas caricaturas não são necessárias para promover uma cultura inclusiva, controlar e incentivar o comportamento cultural ou enriquecer a cultura.

A melhoria do papel da administração da cidade exige uma mudança cultural correspondente no seio da administração e pode exigir uma mudança fundamental de uma cultura de reglomania para uma cultura de serviço reativo. Esta mudança cultural exige novos valores e comportamentos.

Grande parte da literatura sobre gestão moderna baseia-se numa visão da organização como uma cultura, salientando o papel dos valores e o impacto das percepções do comportamento dentro e fora da organização. Um exemplo típico desta literatura é o trabalho de Peters e Waterman. No seu livro In Search of Excellence, descrevem as características culturais das empresas mais bem geridas da América. Estas empresas não são rigidamente burocráticas; aprendem pelo exemplo. Não são apenas geridas; delegam responsabilidades a pioneiros para quem o sucesso é a sua própria recompensa. São orientadas para a ação e perseveram até serem bem sucedidas. Identificam-se intimamente com as pessoas que servem. São motivados por um sentimento de apreço e não por um sentimento de domínio.

A sabedoria de Tom Peters e outros inspirou muitos líderes a defenderem a mudança cultural no governo, por vezes com resultados surpreendentemente bons. Mas outros líderes depararam-se com rejeição cultural apesar do seu desejo de mudar a cultura.

Que tipo de cultura deve ter uma administração municipal? Que valores de bem e de mal, de certo e de errado, de belo e de feio podem ser incutidos nos dirigentes e no pessoal da autarquia para garantir uma boa governação e serviços, uma liderança sensata e uma responsabilização responsável? E como é que esses valores podem ser introduzidos nas organizações existentes sem que essas organizações destaçam todos os seus esforços?

Capítulo 9
Nem céu nem inferno

Pilgrim's Progress é um livro sobre a viagem do peregrino por um caminho reto e estreito até à cidade celestial. Ao longo do caminho, havia cidades que o distraíam e que representavam vários pecados mortais. O caminho para o céu não era uma estrada rural, porque a estrada rural conduzia à destruição. O caminho para o céu tinha características não associadas ao caminho para uma grande cidade. É acidentado e só alguns o encontram. Exigia um enorme esforço e perseverança para o percorrer e tinha perigos por todo o lado. A humildade, a caridade e a simplicidade de vida são essenciais para a viagem, e qualquer fardo é demasiado pesado para ser carregado ao longo do caminho.

9.1 A caminho da utopia

A cidade celestial é, desde há muito, um modelo para os planeadores urbanos. Mas os planeadores raramente utilizam a visão da cidade celestial de John Bunyon em Pilgrim's Progress, que se situa no fim de um caminho reto e estreito. A maioria das visões da utopia privilegia uma acessibilidade como a da Nova Jerusalém descrita por Isaías:

> Os vossos portões estarão sempre abertos
> Nunca estarão fechadas, nem de dia nem de noite,
> Para que, através deles, a riqueza das nações possa ser levada
> E os seus reis sob escolta.

Hoje em dia, poucos projectistas considerariam que a cidade perfeita deveria ter a forma de um cubo, como descrito no Livro do Apocalipse. Tal forma só pode ser perfeita se já não houver necessidade de sol, lua ou ar fresco. A população de 144.000 pessoas registada por João era considerada grande na altura. Hoje, seria descrita como uma pequena cidade.

No século XIX, as cidades inglesas eram frequentemente comparadas ao inferno. Eram imundas, infestadas de doenças e sufocadas pelos fumos do carvão em combustão que alimentava a maquinaria da revolução industrial. Charles Dickens descreveu estas cidades em livros como Oliver Twist e Hard Times como cidades do crime, da opressão, da amoralidade e da obstipação. Os déspotas industriais governavam, obcecados em alimentar os seus moinhos satânicos. Havia pouco investimento na comunidade ou no governo. Como observou Lewis Mumford:

> Para além de serviços como as canalizações de gás e de água e o saneamento básico, muitas vezes introduzidos tardiamente, frequentemente mal construídos e sempre mal distribuídos, a cidade industrial não podia reivindicar quaisquer melhorias significativas ... às cidades mais ricas e mais "avançadas" eram frequentemente negadas as necessidades básicas da vida, como a luz e o ar, que até as aldeias mais atrasadas ainda tinham.
>
> Até 1838, nem Manchester nem Birmingham funcionavam politicamente como bairros: eram amontoados de homens, pavilhões de máquinas, e não agentes de associação humana para a promoção de uma vida melhor.

A cidade industrial inglesa descrita por Mumford deve ter sido um puro inferno para os seus cidadãos. Não é de admirar que a industrialização inglesa tenha fomentado um reavivamento religioso, e não é de admirar que os dotados de caridade tenham começado a ver a cidade como um mal a ser limpo e purificado.

Não se trata de construir a cidade à imagem do céu, mas de a construir com características divinas. Deveria estar equipada com hospitais limpos, boa eliminação de resíduos e água potável. Os sistemas de distribuição de alimentos devem ser higiénicos. Todos os espaços precisam de ar fresco, as casas devem ser construídas com segurança, contra desmoronamentos e incêndios. Deve haver acesso a jardins.

Cientistas como Louis Pasteur conseguiram provar a relação biológica entre a higiene, a luz solar e o ar e a boa saúde dos habitantes das cidades. Mas não foi apenas um juízo científico que se opôs aos males das cidades industriais sujas. Foi o poder da bondade que libertou os escravos e impediu a deportação de condenados para as colónias britânicas. Foi a bondade que inspirou a construção de hospitais-modelo e de cidades industriais-modelo como Bourneville e Port Sunlight.

Mas até que a tecnologia para reduzir a poluição atmosférica fosse melhorada, não bastava apenas assegurar o saneamento e a ventilação. Seguindo o princípio "mulheres e crianças em primeiro lugar", o trabalho infantil foi abolido e as famílias mudaram-se para os subúrbios, onde o ar era limpo. Uma casa num quarteirão próprio era um pedaço do paraíso para uma família, longe dos bairros de lata, que estavam cheios dos sete pecados mortais da luxúria, orgulho, preguiça, avareza, inveja, gula e ira, bem como de poluição e doenças mortais.

Foi a ganância que levou Ló a escolher a terra mais fértil e deixar a terra menos fértil para Abrão. Assim, Ló mudou-se para perto das cidades de Sodoma e Gomorra. Uma noite, todos os homens de Sodoma saíram e cercaram a sua casa (o que sugere que estas cidades podiam ser pouco mais do que uma aldeia moderna). Vieram para violar os seus convidados do sexo masculino e, quando Lot se ofereceu para violar as suas duas filhas, eles recusaram. Ló e as suas filhas escaparam à ira de Deus que caiu sobre o povo de Sodoma e Gomorra, mas a sua mulher morreu. Ela olhou para trás quando Sodoma e Gomorra foram destruídas e transformadas numa estátua de sal. Mais tarde, as suas filhas embebedaram-no e seduziram-no porque não havia outros homens disponíveis e ambas queriam ter filhos. O pobre Ló, pai dos seus netos, queria a boa vida, enquanto o tio Abraão se contentava com uma vida mais modesta, porque não se via como um cidadão deste mundo, mas de uma cidade do além.

A natureza do céu é que ele não está nesta terra. A crença no céu ou na reencarnação depois desta vida pode determinar o caminho que tomamos agora. Mas a nossa religião, a nossa versão do cristianismo, do judaísmo, do islamismo ou de qualquer outra, ajuda-nos a imaginar uma cidade melhor. As religiões têm contribuído muito para moldar as nossas cidades. O Islão moldou Meca e muitas cidades de Espanha à Indonésia, o Hinduísmo criou Benares e as encantadoras aldeias de Bali, e o Cristianismo as grandes cidades-catedrais da Europa. A religião moldou a cidade, não só através da arquitetura dos seus locais de culto, mas também através da utilização do tempo nas cidades, dos jejuns e das festas e moldando as aspirações dos seus cidadãos.

Os esforços religiosos são muitas vezes a ruína das culturas. Em nome de Deus, as pessoas adoptam os comportamentos mais perversos e desamorosos. De alguma forma, a crença no misericordioso pode levar à intolerância em relação a tudo o resto.

9.2 A cidade como campo de batalha de Deus

Entre o céu e o inferno encontra-se o reino das forças opostas. Entre a nossa conceção e a nossa morte, as forças do bem e do mal estão ligadas às correntes do poder. Como o vento, elas podem soprar sobre a face da sociedade e arrastar consigo as pessoas. Podem estar em conflito terrível, num indivíduo ou na sociedade, o bem e o mal, o verdadeiro e o falso, o amor e o ódio, a esperança e o desespero, a ordem e o caos.

Liberdade e falta de liberdade, independência e obrigação, indivíduo e sociedade, necessidades humanas e necessidades ambientais, acaso e destino, coincidência e consequência.

Razão e emoção, lógica e intuição, cretinismo e criatividade, demolição e construção, desconfiança e confiança, doença e saúde.

Realidade e perceção, perfeição e compromisso, dados e informação, verdade e falsificação.

Agora e mais tarde, urgente e importante, hábito e mudança, cultura e conforto, segurança e tédio, excitação e medo.

Algumas destas forças fazem parte dos nossos genes, que nos são dados pela nossa biologia e psicologia. Os nossos impulsos, quer sejam fracos ou compulsivamente fortes, são forças a ter em conta. Sexo, fome, sede, ambição, ganância, raiva, medo, felicidade, independência, resignação, consciência, habilidade, amor, admiração, gratidão, pensamentos. Há tantos impulsos diferentes em nós, desde os normais aos loucos e paranormais.

Algumas forças individuais são utilizadas pela sociedade para criar impulsos sociais. A consciência humana e as leis criadas pelo homem criam um sentido de certo e errado. O pensamento e a comunicação combinam-se para criar a persuasão.

As forças interiores conduzem a conflitos pessoais. São Paulo, o santo que se impôs a si próprio padrões tão elevados, disse de si próprio:

> ... Sou um homem mortal, vendido como escravo ao pecado. Não compreendo o que faço, porque não faço o que gostaria de fazer, mas faço o que odeio ... Porque, embora tenha em mim o desejo de fazer o bem, não sou capaz de o fazer.

Estas forças internas conduzem também a conflitos sociais: na família, entre casais, entre irmãos, entre pais e filhos, com os sogros; com os vizinhos, por causa dos limites e das perturbações; nos negócios, por causa da qualidade do trabalho e do pagamento, por causa dos arrendamentos.

Os grupos surgem na sociedade porque têm valores comuns. Mas os grupos podem ter conflitos internos sobre a interpretação das regras, sobre a liderança, sobre o estilo de liderança, sobre a filiação, os privilégios e as obrigações. Os grupos têm conflitos com outros grupos. Alguns destes conflitos são canalizados do confronto para a competição, de modo a que o conflito seja ordenado e benéfico, como acontece num mercado. Alguns grupos são criados para conflitos ordenados, como as equipas de futebol. Outros grupos são criados para conflitos menos ordenados e mais violentos, como os bandos de criminosos. Os conflitos são particularmente comuns na indústria e no comércio. Os trabalhadores não cumprem os seus deveres; os superiores esperam demasiado; os fornecedores não cumprem os contratos.

A sociedade pode criar conflitos com a natureza através da poluição e da degradação dos solos, e a natureza pode criar conflitos com a sociedade através de doenças e da devastação.

Os conflitos podem surgir por causa das coisas mais simples e durar apenas um momento: duas mulheres que usam o mesmo vestido, duas pessoas que se aproximam numa ruela estreita, um marido que espreme a pasta de dentes no topo do tubo.

Outros conflitos são de muito maior importância. Os mais preocupantes são as três maiores ameaças à humanidade: a bomba nuclear, as alterações climáticas e o excesso de população. Estamos agora a um passo de desencadear um conflito final em que todos perderemos. Com a sobrepopulação e as alterações climáticas, já desencadeámos conflitos que nos levarão à destruição se não forem resolvidos.

A dimensão de um conflito pode ser medida pela sua extensão, pelo número de partes envolvidas, pela sua intensidade, pelas emoções com que as partes percepcionam o conflito, pelos investimentos das várias partes em jogo e pelo montante a perder ou a ganhar. A extensão de um conflito pode também ser medida pelo seu impacto sobre as outras partes. E, mais importante ainda, o conflito é medido pela forma como as partes reagem ao conflito: As pessoas reagem ao conflito de diferentes formas, tanto voluntária como involuntariamente. Negamos e reprimimos os conflitos para que as forças continuem a atuar no subconsciente e possam continuar a causar danos. Projectamos e desviamos os nossos conflitos, trazendo os argumentos do escritório para casa e discutindo com os nossos entes queridos. Ficamos com fixações, imobilizando-nos enquanto o conflito persiste. Fantasiamos e dramatizamos os conflitos e criamos heróis e vilões. Intelectualizamos e procuramos as causas dos nossos conflitos na nossa infância. Podemos lutar, podemos cansar-nos, podemos resignar-nos, podemos fugir, organizamos a forma como lidamos com os conflitos. Podemos tramar, podemos ameaçar, podemos adiar, podemos enganar. Podemos atacar ou resistir. Existe uma hierarquia de técnicas de resolução de conflitos que segue mais ou menos as etapas da evolução humana. As plantas e os animais aprenderam a manipular as forças do mundo natural para sobreviverem e se diversificarem. Mas a vida não vence completamente esta batalha. As espécies sobrevivem, mas os organismos individuais desintegram-se quando a vida os abandona. Dizem que o homem domina a natureza. Mas o homem não domina completamente a natureza, e ainda tem muito a aprender sobre a forma como a natureza reage a ele: A parte do homem chamada carne nas escrituras tem instintos que a sociedade controla definindo a moralidade e criando leis. Mas a sociedade não tem controlo total sobre as nossas paixões. Pelo contrário, a moral e as leis das sociedades são uma expressão da nossa incapacidade de nos elevarmos acima das nossas paixões.

A sociedade tem uma função importante na resolução de conflitos. Estabelece leis, princípios éticos e normas de comportamento aceitáveis. No entanto, a sociedade precisa sempre de membros que tenham ideais mais elevados do que o compromisso alcançado na maioria das negociações de paz. Há traços de carácter dos seres humanos que estão acima da sociedade, como a fé, a esperança e o amor. A fé e a confiança ajudam o indivíduo e a sociedade a elevarem-se acima do nível da moral e das leis. A esperança vê as possibilidades de renovação. O amor leva o perdão e a bondade para além dos limites estabelecidos pela sociedade.

9.3 O gestor municipal como servo de Deus

A gestão urbana tem um papel importante a desempenhar neste processo de fermentação. É necessário um esforço organizado para concentrar os recursos contra as forças da natureza inata e as forças da natureza viva que ameaçariam a cidade, e para aproveitar as forças da natureza que melhorariam a nossa cidade. As forças da sociedade devem concentrar-se nas paixões individuais que prejudicariam a sociedade, a fim de aproveitar as capacidades individuais que a poderiam melhorar. Os valores superiores da liberdade, da fé, da esperança e do amor devem ser honrados para que a sociedade seja constantemente guiada por estes atributos do céu que nos são acessíveis aqui na terra.

Na cidade que fica entre o céu e o inferno, a administração da cidade tem as seguintes tarefas. A cidade estabelece regras, definindo normas de comportamento que esperam evitar litígios e determinando formas de os resolver. A cidade dispõe de um sistema jurídico com polícia e tribunais que permite a resolução justa de litígios. A cidade faz a mediação e a arbitragem para os seus cidadãos e educa para a compreensão e a consciencialização.

Independentemente do papel que o governo desempenha, ele próprio é uma força de conflito potencial. É o protagonista em muitas disputas e, na maioria delas, inevitavelmente um protagonista mais poderoso do que o cidadão comum. É claro que, sempre que possível, o governo deve representar o que é bom, ou, para o crente, o que é a vontade de Deus. Como disse o profeta Miqueias, "O Senhor disse-nos o que é bom ... fazer o que é justo, mostrar amor inabalável e viver em humilde comunhão com Deus.

Capítulo 10
Agropolis e Cidade Universum

Podemos definir uma cidade de muitas maneiras. Uma delas é a dimensão da população. Na antiguidade, as simples vilas eram chamadas de cidades, mas neste século XXI, as cidades com centenas de milhares de habitantes são chamadas de pequenas cidades, e as cidades com dois milhões de habitantes já não são consideradas grandes. As duas maiores áreas metropolitanas, Tóquio e Jacarta, têm mais de 28 milhões de habitantes.

Os estatísticos definem as zonas como urbanas com base na disponibilidade de serviços urbanos. Há duzentos anos, apenas algumas cidades tinham abastecimento de água e nenhuma tinha eletricidade. Hoje em dia, mesmo a mais pequena aldeia de quase todos os países tem ligações à rede pública, rádio e televisão, eletricidade, água, escolas e todo o tipo de serviços de aconselhamento. No entanto, os habitantes de muitos bairros de lata nas cidades não têm esses serviços. Assim, a presença de serviços urbanos pode já não ser uma boa definição de cidade, a menos que partamos do princípio de que toda a gente tem direito a ser considerada cidade. Talvez uma declaração universal de que toda a gente é uma cidade e que só o grau de urbanidade é que importa...

Podemos definir a cidade pelo desenvolvimento económico, uma vez que o desenvolvimento económico tem causado a maior parte do crescimento populacional nas nossas maiores cidades. Mas, atualmente, grande parte do desenvolvimento industrial está a ocorrer nos subúrbios e nas zonas rurais e algumas cidades estão em declínio devido à falta de crescimento.

Atualmente, podemos ver a cidade como um local onde as pessoas se encontram e utilizam os serviços públicos. Na estação de gado do outback australiano, o agricultor liga o seu computador à cidade por telefone e efectua os seus negócios bancários e comerciais. Os seus filhos vão para uma das melhores escolas do país através da rádio, e até para a universidade através das ondas hertzianas. O agricultor pode escolher entre vários canais de televisão, incluindo a CNN e a BBC.

Em Java Oriental, onde apenas 25% da população foi classificada como urbana, 80% da população vive a menos de dez minutos a pé ou a 30 minutos de carro de uma cidade com mais de 50.000 habitantes.

Se tantas vantagens da cidade são tão generalizadas, devemos perguntar-nos por que não mudamos a nossa política para construir a "cidade" através do campo e o "campo" através da cidade? Como seria essa agropolis, a cidade nos campos e os campos na cidade? Não será essa a cidade que todos desejamos?

E se quiséssemos que a cidade fosse acessível a todos e que o país fosse igualmente acessível? A cidade pode estar em qualquer sítio, a cidade do universo.

E o que é que aprendemos com tantas metáforas sobre a cidade? Que a cidade é um lugar onde as pessoas aprendem. Pode ser, de facto, a universidade da vida.

Bibliografia

Neil Chambers. Urban Green: Arquitetura para o Futuro, Palgrave/MacMillan 2011

John Gall. Systemantics. NY Pocket Books 1975.

Bíblia Sagrada. A versão atual em inglês

Gareth Morgan. Fotografias da organização. 1986

Lewis Mumford. A cidade na história 1961

Robert Persig. Púrpura. 1991

Thomas H. Stanton e Douglas W. Webster, Managing Risk and Performance: A Guide for Government Decision Makers, 2014

Índice

MIX
Papier aus verantwortungsvollen Quellen
Paper from responsible sources
FSC® C105338

Printed by Books on Demand GmbH, Norderstedt / Germany